AF455329

NOUVEAU SECRÉTAIRE

CORBEIL. — IMPRIMERIE ÉD CRÉTÉ.

NOUVEAU
SECRÉTAIRE
TRÈS-COMPLET

OU

CORRESPONDANCE GÉNÉRALE

ET PRATIQUE

SUIVI

D'UN FORMULAIRE D'ACTES USUELS

PAR A. B***

Ancien professeur, membre de l'Université

Vingt-cinquième édition revue et corrigée

PARIS

BERNARDIN-BÉCHET ET FILS, ÉDITEURS

53, QUAI DES GRANDS-AUGUSTINS, 53

CHAPITRE Ier

DE L'ART ÉPISTOLAIRE.

Principes et règles sur la manière d'écrire les lettres.

Avant d'écrire une lettre, il faut réfléchir et se bien persuader de ce qu'on veut dire. Il faut se rendre bien compte du but qu'on veut atteindre, indiquer nettement ce but, ne pas perdre de vue la position dans laquelle on se trouve à l'égard de la personne à laquelle on écrit, et s'exprimer ensuite simplement, sans recherche, de manière à être parfaitement compris.

Quand la personne à laquelle nous nous adressons est dans une position élevée, quand elle a droit à notre reconnaissance, à notre respect, nous devons choisir nos expressions, éviter les locutions triviales, trop familières, et nous montrer dignes, mais humbles.

Quand, au contraire, nous nous adressons à un égal, à un ami, nous pouvons écrire tout naturellement, sans gêne, avec abandon.

Les lettres de commerce ont des termes usités, connus, et à peu près partout les mêmes :

elles doivent être concises et ne dire que ce qui est absolument nécessaire.

Dans les chapitres qui vont suivre, nous donnerons des modèles de ces différentes sortes de lettres; des modèles de lettres de compliments, de lettres de famille, de demandes, de remercîment, de recommandation, de commerce; des modèles de pétitions, d'actes usuels, etc

---

Commencement des lettres.

On place le mot *Monsieur* ou *Madame* seul, isolé, c'est-à-dire en vedette, au-dessus du corps de la lettre. Plus on doit de respect à la personne à laquelle on écrit, plus il est d'usage de rapprocher la vedette au milieu de la page, et de laisser du blanc entre la vedette et la première ligne.

Un ami écrivant à un ami, un haut personnage écrivant à un inférieur, ne placent pas toujours les mots : *Mon ami* ou *Monsieur* seuls en vedette; ils les mettent ordinairement dans la première ligne.

Quand on écrit à quelque fonctionnaire public, par exemple, à un Maire, à un Président, on peut très-bien faire accompagner le mot *Monsieur* du titre de la fonction et dire : *Monsieur le Maire* ou *Monsieur le Président.*

En écrivant sa lettre, il faut laisser une marge à gauche, c'est-à-dire ne pas commencer chaque ligne trop près du bord; il faut aussi laisser un peu de blanc au bas de chaque page; enfin on doit éviter, autant que possible, les renvois, les surcharges, les ratures.

Quand la lettre est un peu longue, il ne faut pas négliger de répéter de temps en temps le mot *Monsieur* ou *Madame*. Ce mot peut être mis en abrégé quand on parle d'une personne étrangère, mais il faut l'écrire entièrement quand on s'adresse à la personne même à laquelle on écrit.

Date.

Dans les lettres d'affaires, de commerce, on place toujours la date en tête des lettres; dans les relations amicales, on la place indifféremment soit en tête, soit à la fin; mais, quand on doit se montrer respectueux, on place la date à la fin de la lettre, à gauche de la signature, n'oubliant pas de l'accompagner de l'indication du lieu d'où l'on écrit.

Pour les petites lettres sans importance, ou quand on écrit à quelqu'un dans sa ville, dans son voisinage, on se borne à indiquer le jour de la semaine.

Fin des lettres.

La lettre finie, on la termine par l'expression

d'un sentiment de gratitude ou d'affection; n'oublions pas, quand on écrit à une personne âgée, quelle que soit la formule qu'on emploie, d'y placer le mot *respect*, à une personne qui a rendu service, le mot *reconnaissance*, et puis on signe.

Le *post-scriptum*, c'est-à-dire ce qu'on écrit après la signature, n'est pas permis d'inférieur à supérieur. Mais, après la signature, on peut parfaitement ajouter quelques mots, et épancher même encore son cœur quand on s'adresse à un parent, à un ami. C'est même en post-scriptum qu'en bien des circonstances est énoncée la chose importante, principale, pour laquelle on écrit.

Quand on désire se rappeler au souvenir de quelqu'un connu de la personne à laquelle on écrit, même quand cette personne est dans une position élevée, on peut le faire en s'excusant toutefois de cette liberté en disant : *Permettez-moi, Monsieur, de présenter mes respects*... ou bien : *Excusez-moi, Monsieur, si j'ose vous prier*. etc.

Quant aux formules employées pour la fin des lettres, elles varient et dépendent de la nature des liaisons et des rapports des personnes qui s'écrivent. Tantôt cette formule est :

Je suis avec le plus profond respect,
Monsieur,
Votre très-humble
et très-obéissant serviteur.
(*Signature.*)

Ou :

J'ai l'honneur d'être avec estime
et considération,
Monsieur,
Votre très-humble et très....

Tantôt :

Veuillez agréer, Monsieur, l'expression
de mon entier dévoûment.

Et dans le style familier :

Tout à vous.... Votre affectionné....
Adieu.... Portez-vous bien....

A la fin de chacun de nos modèles, nous donnerons des exemples de ces différentes formules.

RENSEIGNEMENTS GÉNÉRAUX

SUR LE SERVICE DES POSTES

1. Fermeture des lettres.

Lorsque la lettre est terminée, on la plie de manière à former un petit carré long, ou, ce qui est beaucoup plus usité actuellement, on la plie en quatre et on la met sous enveloppe. Les lettres se ferment soit avec la gomme qui est adhérente à l'enveloppe, soit avec des pains à cacheter, soit enfin avec de la cire. Le cachet en cire est plus distingué. On cachète en noir quand on est en deuil.

Il convient d'employer la gomme ou les pains à cacheter, de préférence à la cire, pour fermer les lettres, lorsque celles-ci sont adressées dans des pays d'outre-mer, lorsqu'elles doivent traverser des parages où la température est très-élevée, ou lorsqu'elles doivent être transportées par des bâtiments à vapeur.

Ajoutons aux renseignements qui précèdent qu'il est généralement d'usage de mettre sous enveloppe les pétitions adressées à des autorités et les lettres destinées à des personnes d'un rang élevé, et ici le cachet en cire rouge est de rigueur. Pour les lettres de commerce, il est très-préférable de ne pas les mettre sous enveloppe. On jette presque toujours celle-ci, après avoir décacheté une missive, en sorte que, si la date a été oubliée, ou s'il y a eu erreur dans le quantième, la rectification devient impossible ; au lieu que le timbre postal, apposé sur une lettre, supplée à l'omission de l'écrivain en indiquant officiellement les jours de départ et d'arrivée.

---

3. Adresses des lettres.

L'adresse d'une lettre, écrite très-lisiblement, doit contenir le nom de la personne, sa profession, sa demeure, le nom de la ville ou de la commune qu'elle habite et celui du département.

Il est actuellement hors d'usage de répéter deux fois le mot *Monsieur* en tête d'une adresse, à moins qu'on écrive à une personne d'un rang très-supérieur au sien.

Depuis quelque temps on a adopté la mode anglaise ou américaine, de faire précéder le nom de la rue par le numéro de la maison, et de supprimer l'N, abréviation du mot numéro, en même temps que l'A qui précède ordinairement le nom du destinataire et celui de la ville. Exemple :

Monsieur Desprez, *40, rue de Rivoli,* PARIS.	Place du timbre-poste.

Si dans la ville ou dans la commune il y a plusieurs personnes portant le même nom, il faut asbolument ajouter la profession ou le prénom pour les distinguer.

Une lettre écrite en province à un commerçant ou à un fonctionnaire public parviendrait très-exactement sans indiquer la rue et le numéro de la maison ; cependant il ne faut pas négliger de donner ces indications pour les lettres adressées dans de grandes villes où souvent les personnnes d'un même quartier ne se connaissent as.

Quand la ville est peu connue, et qu'il y en a d'autres du même nom, il faut, sous le nom de la ville, mettre e nom du département, ou du pays, si la lettre doit aller à l'étranger.

Lorsque la lettre est adressée dans une commune rurale, il faut avoir soin d'indiquer le bureau de poste le plus voisin de cette commune, afin que le facteur rural puisse la prendre et la porter ensuite dans la commune ou dans le village où elle est adressée.

Voici le modèle d'une adresse de lettre destinée à une commune rurale.

Monsieur — Place du timbre-poste.

François VACHETTE, cultivateur,
Lamotte-Cassel,
par Frayssinet. (Lot.)

3. Affranchissement des lettres.

L'usage d'affranchir les lettres est devenu presque général depuis l'établissement des timbres-poste; car le port d'une lettre non affranchie est augmenté d'un tiers. Cet affranchissement s'opère au moyen des timbres-poste, que l'on trouve chez les directeurs des postes, les boîtiers ou dépositaires de boîtes, les bureaux de tabac et de papier timbré.

On mouille le timbre, qui est gommé, et on doit le coller soi-même, à l'angle droit et supérieure de la lettre, comme il est indiqué sur les modèles d'adresse ci-dessus, ou sur les autres objets à affranchir. Les lettres ainsi affranchies doivent être jetées à la boîte, excepté les lettres *chargées*; qui sont déposées au guichet, comme nous le verrons plus loin.

Les timbres-postes sont des figurines représentant Mercure et le Commerce s'appuyant sur le Globe. Leur valeur est désignée par les quatorze couleurs suivantes :

0 01	centime.	Encre noire sur teinte bleue;
0 02	—	Encre brun Van Dyck sur teinte chamois;
0 04	—	Encre marron sur teinte gris bleu;
0 05	—	Emeraude sur teinte vert d'eau;
0 10	—	Encre noire sur teinte violette;
0 15	—	Encre jaune sur teinte jonquille;
0 20	—	Encre bleue sur teinte turquoise;
0 25	—	Encre noire sur teinte laque rouge;
0 30	—	Encre bistre sur teinte bistre clair;
0 35	—	Encre violette sur teinte orange;
0 40	—	Encre garance sur teinte paille;
0 75	—	Encre carmin sur teinte rose clair;
1 »	—	Encre bronze sur teinte paille;
5 »	—	Encre lilas foncé sur teinte lilas clair;

En combinant les timbres-poste, entre eux, on obtient par leur moyen la représentation du montant de toutes les taxes territoriales et de l'étranger. Quand la somme des timbres dépasse le prix de l'affranchissement, la différence ne peut être réclamée. — Toute lettre revêtue d'un timbre insuffisant est considérée comme non affranchie et taxée comme telle, sauf déduction du prix du timbre. Exemple : lorsqu'une lettre pesant plus de 15 grammes et affranchie avec un timbre de 15 centimes, elle est considérée comme non affranchie et doit 45 centimes. En déduisant 15 centimes, prix du timbre bleu insuffisant, il reste à payer 30 centimes.

Les lettres ordinaires, échangées entre les bureaux de France et de l'Algérie, paient les taxes ci-après :

POIDS	Affranchies	Non-affranchies
	FR. C.	FR. C.
Jusqu'à 15 grammes.......	» 15	» 30
De 15 à 30 —	» 30	» 60
De 30 à 45 —	» 45	» 90
De 45 à 60 —	» 60	1 20
De 60 à 75 —	» 75	1 50
De 75 à 90 —	» 90	1 80
De 90 à 105 —	1 05	2 10
De 105 à 120 —	1 20	2 40
De 120 à 135 —	1 35	2 70
De 135 à 150 —	1 50	3 »

et ainsi de suite en ajoutant par 15 grammes ou fractions de 15 grammes excédant, 15 centimes en cas d'affranchissement, et 30 centimes en cas de non-affranchissement.

Les lettres de l'intérieur de la France, pour les soldats et marins en activité de service, soit en France, soit à l'étranger, ne paient que la taxe territoriale, lorsqu'elles sont transportées exclusivement par des services français.

Pour jouir de cet avantage, il est indispensable que les lettres des armées françaises à l'étranger, pour l'intérieur de la France, soient déposées dans les bureaux de poste militaires français, à l'exclusion des bureaux de poste civils où se trouvent les armées.

Les lettres de la catégorie dont il s'agit dans les deux alinéas précédents, lorsqu'elles sont transportées par des services étrangers, sont soumises aux mêmes tarifs que les correspondances des particuliers.

Les lettres pour les colonies françaises et les établissements français dans l'Inde peuvent être aussi expédiées par la voie anglaise avec ou sans affranchissement, mais elles doivent porter sur l'adresse : *voie anglaise.*

Lorsqu'on écrit en pays étranger, il faut remarquer y qu'il en a plusieurs pour lesquels on doit affranchir les lettres soit jusqu'à la frontière, soit jusqu'à destination. Nous engageons fortement les expéditeurs à se renseigner à ce propos auprès des directeurs des bureaux de poste où ils remettent leurs lettres. Car, si l'affranchissement était obligatoire et qu'on l'eût négligé, la lettre serait mise au rebut. Si elle contient le timbre de l'expéditeur, elle lui revient avec ces mots : *Renvoyée à son auteur faute d'affranchissement forcé ;* ou (en cas de refus du destinataire), *Refusée.* Si l'expéditeur est inconnu, la lettre reste au *bureau des rebuts* durant un an, afin que la personne qui l'a écrite puisse en déposer l'affranchissement et la faire partir. Au bout de ce temps, si la lettre n'a pas été réclamée elle est brûlée.

Les lettres de Paris pour Paris paient les taxes ordinaires.

---

4. Affranchissement pour les pays étrangers en relation plus habituelle avec la France.

Autriche. — *Lettres ordinaires.* Lettres affranchies, 25 c. par 15 gr. Lettres non affranchies, 50 c. par 15 gr.

Belgique. — *Lettres ordinaires.* Lettres affranchies, 25 c. par 15 gr. Lettres non affranchies, 50 c. par 15 gr.

— *Lettres chargées.* Taxe de la lettre ordinaire, plus un droit fixe de 50 c.

Chine. — *Lettres ordinaires.* Affr. oblig. jusqu'à Chang-Haï ou Hong-Kong; taxe au départ de France, 80 c. par 15 gr.; au retour, taxe de la lettre non affranchie, 1 fr. par 15 gr.

Constantinople. (Turquie). — *Lettres ordinaires.* Lettres affranchies, 25 c. par 15 gr. Lettres non affranchies, 50 c. par 15 gr.

— *Lettres chargées.* Taxe de la lettre ordinaire, plus un droit fixe de 50 c.

Espagne. — *Lettres ordinaires.* Lettres affranchies, 25 c. par 15 gr. Lettres non affranchies, 50 c. par 15 gr.
— *Lettres chargées*, 50 c. par 15 gr.
Empire d'Allemagne : PRUSSE, HANOVRE, BAVIÈRE, SAXE, ALSACE-LORRAINE, etc. — *Lettres ordinaires*, 25 c. par 15 gr. affranchies, et 50 c. non affranchies.
États-Unis de l'Amérique du Nord. — *Lettres ordinaires*, 35 c. par 15 gr.
Grande-Bretagne. — *Lettres ordinaires.* Lettres affranchies, 35 c. par 15 gr. Lettres non affranchies, 60 c. par 15 gr.
— *Lettres chargées*, 50 c. par 15 gr.
Italie. — *Lettres ordinaires.* Lettres affr., 25 c. par 15 gr. Lettres non affranchies, 50 c. par 15 gr.
— *Lettres chargées.* Taxe de la lettre ordinaire, plus un droit fixe de 50 c.
Mexique. *Lettres ordinaires*, 1 fr. par 15 gr.; au retour, lettres non affranchies, 1 fr. 20 par 15 gr.
Russie (voie de Prusse). — *Lettres ordinaires.* Lettres affranchies, 25 c. par 15 gr. Lettres non affranchies, 50 c. par 15 gr.
— *Lettres chargées*, 50 c. par 15 gr.
— (Voie d'Autriche). *Lettres ordinaires*, 25 c. par 15 gr.
— *Lettres chargées*, 50 c. par 15 gr.
Suisse. — *Lettres ordinaires.* Lettres affranchies, 25 c. par 15 gr. Lettres non affranchies, 50 c. par 15 gr.
— *Lettres chargées.* Taxe de la lettre ordinaire, plus un droit fixe de 50 c.

---

5. Chargement des lettres.

On appelle *chargement* la lettre ou le paquet dont l'expéditeur fait constater authentiquement le dépôt dans un bureau de poste, et dont il se fait donner un reçu ou bulletin de dépôt. — Lorsqu'une lettre contient des valeurs ou des papiers importants, il est prudent de la *charger*.

Les lettres chargées paient les taxes ci-après, y compris le port de la lettre :

Jusqu'à 15 grammes inclusivement.		» fr.	65 c.
De 15 à 30	—	»	80
De 30 à 45	—	»	95
De 45 à 60	—	1	10

Et ainsi de suite, en ajoutant 50 centimes par 100 fr.

Les lettres chargées, de même que celles contenant des *valeurs déclarées*, dont il sera question plus loin, doivent être mises sous enveloppe cachetée au moins de deux cachets de cire fine. Ces cachets doivent tous être de la même cire, porter la même empreinte, et cette empreinte doit être spéciale à l'expéditeur. Ils doivent être placés de manière à retenir tous les plis de l'enveloppe, comme dans les modèles ci-dessous.

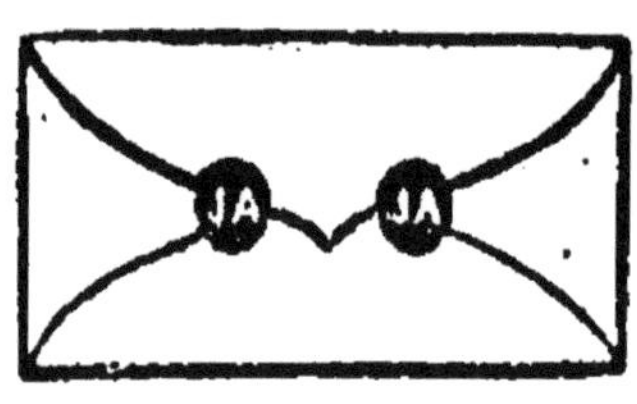

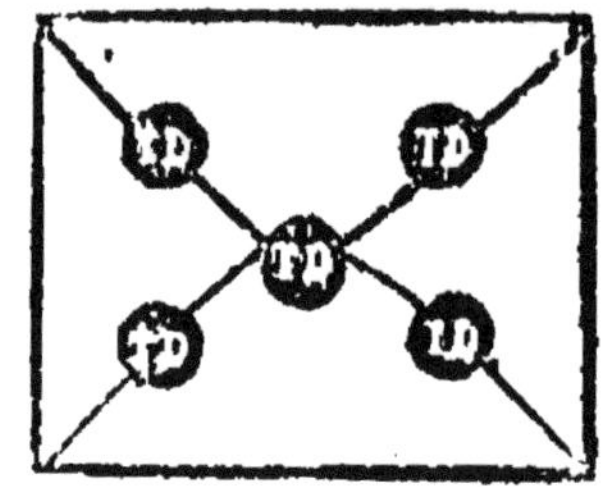

L'État accorde, en cas de perte d'une lettre ou d'un paquet chargé et affranchi, une indemnité de 50 fr., quelle que soit l'importance des valeurs qu'il pourrait contenir, soit en bons au porteur, soit en billets de banque.

L'expéditeur qui veut s'assurer en cas de perte, le remboursement des valeurs payables au porteur insérées dans une lettre, doit la faire charger comme nous l'avons indiqué plus haut; de plus il doit en faire la déclaration en toutes lettres sur l'enveloppe en francs et centimes, sans ratures ni surcharges. Exemple :

TROIS CENTS FRANCS.

Monsieur Jacob,

négociant,

29, *rue de Rome,*

MARSEILLE.

La déclaration ne doit pas excéder 10,000 fr., mais le même expéditeur peut adresser à la fois, au même destinataire, plusieurs lettres portant une déclaration de valeurs. Si la lettre se perd, l'administration est responsable des valeurs déclarées jusqu'à concurrence de 10,000 fr.

L'expéditeur des valeurs déclarées payera d'avance, indépendamment d'un droit fixe de 50 centimes et du port de la lettre, selon son poids, un droit proportionnel de 10 centimes par chaque 100 francs ou fraction de 100 francs.

On appelle *valeurs cotées* des objets précieux, de petite dimension, qui payent 1 p. 100 de leur valeur estimée. L'estimation ne peut être inférieure à 50 fr., ni supérieure à 10,000 fr. Ces objets sont renfermés, en présence des directeurs, dans des boîtes ou étuis solides, ayant au plus 10 centimètres de longueur, 8 centimètres de largeur et 5 centimètres d'épaisseur. Les objets réunis à la boîte ne doivent pas dépasser le poids de 300 grammes.

En sus du port des valeurs cotées, qui doit être payé d'avance, il est dû 25 centimes pour chaque dépôt, pour le timbre de la reconnaissance remise au déposant.

Les valeurs cotées ne sont pas portées à domicile; le destinataire doit venir les retirer lui-même au bureau de destination, ou les y faire retirer par un délégué muni d'une procuration notariée, ou d'un pouvoir sous seing privé dûment légalisé et enregistré.

Toutefois, les facteurs ruraux sont autorisés à retirer du bureau de poste les valeurs cotées ou les lettres contenant des valeurs déclarées pour le compte des particuliers qui doivent leur donner une procuration sur papier non timbré ainsi conçue :

MODÈLE DE PROCURATION.

Je soussigné, demeurant à , autorise le sieur , facteur rural, à retirer du bureau de , et sans qu'il en puisse résulter aucune responsabilité pour l'administration des postes, une (*valeur cotée*, ou *lettre contenant des valeurs déclarées*) dont l'avis, en date du 186 , faisant connaître l'arrivée à mon adresse, est ci-joint.

En cas de perte d'une valeur cotée, l'administration rembourse le prix d'estimation auquel la valeur cotée a été admise.

Quand on veut envoyer de l'argent par la poste, on remet cet argent au directeur du bureau des postes, qui délivre en échange un *mandat* que l'on met dans la lettre, avec un *reçu* que l'on garde avec soi. En cas de perte, et sur la présentation du reçu, l'administration rembourse la somme déposée.

Lorsque le porteur du mandat se présente à la poste pour toucher, il doit produire la lettre d'envoi comme témoignage de son individualité.

La poste prélève un droit de 1 p. 100 sur le montant de l'argent envoyé : au-dessus de 10 fr., les mandats supportent un droit de 25 centimes pour timbre.

Le minimum des dépôts est fixé à 50 centimes. Le droit à percevoir, pour une somme de 50 centimes, est de 1 centime.

Il est expressément défendu de mettre *dans la boîte* une lettre contenant des matières d'or ou d'argent, des bijoux ou autres effets précieux, des billets de banque ou autres valeurs payables au porteur, et cela dans le but d'éviter les frais de chargement.

En cas d'infraction, l'expéditeur est puni d'une amende de 50 à 500 fr. Il est bien entendu que cette dernière prescription ne concerne point les lettres chargées qui sont déposées au guichet.

Tarifs de la taxe des journaux, imprimés, épreuves d'imprimerie corrigées, échantillons, papiers de commerce ou d'affaires, avis de naissance, mariage ou décès, prospectus, prix courants, avis imprimés divers et cartes de visite, circulant à l'intérieur. (Lois du 25 juin 1856, du 24 août 1871 et 6 avril 1878.)

Tarif n° 1. — Journaux et ouvrages périodiques traitant de matières politiques ou d'économie sociale, expédiés sous bandes et paraissant au moins une fois par trimestre (art. 3 et 4 de la loi du 6 avril 1878.

Prix par chaque exemplaire circulant pour la Seine et Seine-et-Oise).	Hors du département.	Dans l'intérieur du département.
Jusqu'à 25 grammes.	0 02	0 01
Au-dessus de 25 gr. jusqu'à 50 gr.	0 03	0 00 1/2
Au-dessus de 50 gr. jusqu'à 75 gr.	0 04	0 02
Au-dessus de 75 gr. jusqu'à 100 gr.	0 05	0 02 1/2
Au-dessus de 100 gr. jusqu'à 125 gr.	0 06	0 03
Au dessus de 125 gr. jusqu'à 150 gr. (1)	0 07	0 03 1/2

(1) Et ainsi de suite, en ajoutant 1 centime par chaque 25 gr. ou fraction de 25 gr. excédant jusqu'à concurrence du poids de 3 kilog., poids maximum, et en prenant moitié de ces prix pour les journaux circulant dans l'intérieur du département, sous cette réserve, toutefois, que les fractions de centime doivent être considérées comme des centimes entiers.

Les journaux publiés dans les autres départements payent également la moitié du prix ci-dessus quand ils circulent dans le département où ils sont publiés ou dans les départements limitrophes, mais leur poids peut s'élever à 50 gr., sans qu'ils payent plus de 1 cent. Au-dessus de 50 gr., la taxe supplémentaire est de 1/2 cent. par 25 gr. ou fraction de 25 gr.

ÉCHANTILLONS DE MARCHANDISES

Le port en échantillons de marchandises est réduit à 5 cent. par 50 gr.; à partir de 50 gr., il est augmenté de 5 cent. par 50 gr. ou fraction de 50 gr. (exécutoire à partir du 1er janvier 1874 :

Tarif n° 4. — Circulaires, prospectus, catalogues, avis divers, prix courants, livres, gravures, lithographies, en feuilles, brochés ou reliés, et en général tous les imprimés autres que les journaux et ouvrages périodiques, expédiés sous bandes (art. 6 de la loi du 6 avril 1878) :

De 5 gr. et au-dessous.	0 01
Au-dessus de 5 gr. jusqu'à 10 gr. inclus.	0 02
Au-dessus de 10 gr. jusqu'à 15 gr. —	0 03
Au-dessus de 15 gr. jusqu'à 20 gr. —	0 04
Au-dessus de 20 gr. jusqu'à 50 gr. —	0 05

Et ainsi de suite, en augmentant de 5 cent. par 50 gr. ou fraction de 50 gr.

Imprimés, échantillons, épreuves d'imprimerie corrigées, papiers de commerce ou d'affaires

Ces objets doivent toujours être affranchis d'avance, leur taxe est réglée à prix réduits, conformément aux tarifs ci-contre.

Le poids des imprimés, épreuves d'imprimerie corrigées et papiers d'affaires ne doit pas dépasser 3 kilogrammes, celui des échantillons 300 grammes.

La dimensions des imprimés, épreuves d'imprimerie corrigées, papiers d'affaires et échantillons d'étoffes sur carte ne doit pas excéder 45 centimètres, celles des autres échantillons, 25 centimètres.

Les imprimés sont expédiés sous bandes mobiles couvrant au plus le tiers de la surface du paquet et maintenues au besoin, par un lien facile à dénouer.

Les épreuves d'imprimerie corrigées, les papiers de commerce ou d'uffaires et les échantillons sont expédiés soit sous bandes mobiles, soit dans des enveloppes non fermées ou insérées dans des sacs en toile ou en papier, ou dans des boites ou étuis fermés avec des ficelles faciles à dénouer.

Les échantillons doivent porter sur la suscription une marque imprimée du fabricant ou du marchand expéditeur.

Affranchissement des avis de naissance, mariage, décès, cartes de visite

Les lettres de naissance, de mariage, de décès, les cartes de visite, et en général tous les imprimés de commerce, etc., expédiés sous enveloppes, s'affranchissent de la manière suivante :

Jusqu'à 50 grammes	0 05
De 50 grammes à 100 grammes	0 10
De 100 grammes 150 grammes.	0 15

Et ainsi de suite, en ajoutant 5 cent. par 50 grammes ou fraction de 50 grammes.

Tarif des cartes postales

La taxe des cartes postales pour la France, Paris compris, est fixée à 10 cent.

Pour les pays qui font partie de l'union postale, elle est de 15 cent.

V. Quelques particularités sur le service des postes.

Nous terminerons ces renseignements généraux par quelques mots sur certaines particularités qui se montrent dans le service des postes.

1. *Rectification d'adresse sur une lettre.* — Lorsqu'une lettre a été jetée à la boîte d'un bureau de poste et qu'on veut en rectifier l'adresse avant son expédition, on peut obtenir la communication de cette lettre sur la présentation du cachet ou d'un *fac-simile* de la suscription. La rectification doit être faite sans déplacement au bureau de poste.

Le destinataire d'une lettre ou d'un paquet

peut les refuser, mais ce refus doit s'exercer au moment même de la présentation de la lettre ou du paquet et avant qu'ils soient décachetés.

2. *Comment retirer une lettre jetée à la boîte?* —Il faut, indépendamment des précautions énumérées plus haut : 1° Que le réclamant, par une déclaration écrite, se fasse connaître comme auteur de la lettre ; 2° Qu'il se soumette, dans cette déclaration, à demeurer garant et responsable envers qui de droit, de tous les effets de la suppression ou de retard de la lettre ; 3° Qu'il soit connu du directeur, ou qu'il soit accompagné de deux témoins domiciliés et connus ; 4° Que la lettre soit ouverte en présence de ces témoins, afin que le directeur puisse s'assurer de l'identité de la signature de l'auteur de la lettre et du réclamant.

3. *Lettre poste restante.*—Lorsque l'intention de l'expéditeur est qu'un objet confié à la poste soit conservé au bureau de destination jusqu'à ce que le destinaire vienne l'y chercher, il doit l'indiquer par ces mots : *Poste restante*, substitués à l'indication du domicile.

Il est défendu de se faire adresser des lettres sous un nom supposé ; il est permis seulement de s'en faire adresser sous de simples initiales. Pour retirer une lettre ou un paquet poste restante, il faut être muni d'un passe-port ou de toute autre pièce propre à constater son individualité, à moins d'être connu du directeur.

4. *Lettres non distribuées renvoyées dans un court délai, et sans être ouvertes, à leurs auteurs.* — Pour qu'une lettre non distribuée soit renvoyée à son auteur dans un court délai, et sans avoir été ouverte, il faut que l'indication du nom et du domicile soit fournie, soit par une mention manuscrite sur la suscription de la lettre, soit au dos par le cachet.

5. *Franchises des postes.* — Voici les noms des personnes et fonctionnaires qui jouissent de la franchise des postes dans toute l'étendue de la France :

Le président de la République.

Le président de l'Assemblée nationale, de la Cour des comptes et de la Cour de cassation. — Les ministres.— Le directeur des Contributions indirectes, des postes, des lignes télégraphiques.— Le gouverneur de l'Algérie.— Le préfet de police et quelques autres fonctionnaires dans le ressort de leurs fonctions.

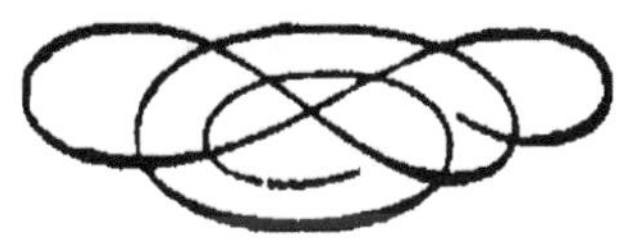

CHAPITRE II

MODÈLES DE LETTRES

LETTRES DE BONNE ANNÉE (1er janvier).

Un fils à son père ou à sa mère.

MON CHER PÈRE (OU MA CHÈRE MÈRE),

Lorsque j'étais auprès de vous, sitôt mon lever je vous faisais mon compliment et vous offrais mes vœux de bonne année.

Aujourd'hui je suis privé de ce bonheur; pourtant, mon cher père, la séparation et l'ennui que j'éprouve de ne plus vous voir n'ont diminué ni ma reconnaissance ni ma tendresse.

Maintenant que me voilà grand et que je raisonne, je sens plus que jamais combien vous avez eu pour moi de sollicitude; combien, pour m'élever, vous avez eu de mal et de tourments.

Que Dieu vous récompense de toutes vos bontés, mon cher père; vous serez heureux s'il vous accorde tout ce que pour vous lui demande mon cœur.

Portez-vous bien, et croyez à l'affection de votre tendre et dévoué fils.

Autre d'un enfant à son père et à sa mère.

MON CHER PÈRE ET MA CHÈRE MÈRE,

Je vous aime de tout mon cœur, et c'est avec un vrai chagrin que je me vois aujourd'hui éloigné de vous. J'aurais tant de plaisir à vous embrasser, à vous souhaiter la bonne année; tant de plaisir à vous exprimer de vive voix mes vœux!

Portez-vous bien, mon cher père et ma chère mère; que l'année qui commence soit pour vous heureuse. Pensez à votre enfant, et croyez-le toujours

Votre très-humble et très-obéissant fils.

Un fils marié à son père ou à sa mère.

MON CHER PÈRE (OU MA CHÈRE MÈRE),

Toute ma petite famille se joint à moi pour vous présenter ses souhaits de bonne année.

Nous regrettons beaucoup de ne pas être auprès de vous, afin de pouvoir vous dire combien nous vous sommes reconnaissants, combien nous avons pour vous d'affection.

Ma femme n'a pas oublié vos bontés, et mes petits enfants, qui parlent sans cesse de leur bon papa, me recommandent bien de vous dire qu'ils vous embrassent de tout leur cœur.

Portez-vous bien, pensez à nous et aimez-nous comme nous vous aimons.

Votre affectionné fils

Une fille à sa mère.

MA CHÈRE MÈRE,

Il m'est bien pénible d'être aujourd'hui éloignée de vous; chacun de la famille va vous adresser son hommage et moi je ne serai pas là pour vous offrir le mien. Je vous en prie, ma mère, avant que personne soit arrivé pour vous souhaiter la bonne année, pensez à votre fille; de mon côté je penserai à vous, et vous recevrez ainsi les premiers de mes vœux.

Vous savez combien je vous aime, combien, par conséquent, je désire que vous soyez heureuse. Chère mère, écrivez-moi, donnez-moi de vos nouvelles. Vous avez été toujours pour moi si pleine de sollicitude et de tendresse que je suis sans cesse inquiète de vous; votre silence me rendrait tout à fait malheureuse de notre séparation.

Adieu, bonne mère, votre fille, etc., etc.

Un fils ou une fille qui s'excuse de ne pas envoyer d'étrennes.

MES CHERS PARENTS,

Nous voici arrivés au premier jour de l'année.

Avec mes souhaits, je voulais vous envoyer quelque cadeau, comme j'ai l'habitude de le faire ; mais, hélas! ma position ne me permet pas d'agir ainsi que le désirerait mon cœur.

J'ai manqué d'occupation plusieurs mois de cette année ; j'ai été sans place : je me suis vu forcé de prendre sur les économies que j'avais faites, et ainsi de tout dépenser.

Excusez-moi, mon cher père et ma chère mère, et croyez bien surtout que je n'en suis pas moins dévoué et reconnaissant. Les cadeaux ne donnent pas la tendresse, c'est pourquoi je suis persuadé que vous croirez tout de même que je vous aime comme je vous ai toujours aimés.

Votre très-humble et obéissant enfant.

MÊME SUJET.

A un père ou à une mère.

MON CHER PÈRE,

Une nouvelle année commence; je voudrais être bien riche pour reconnaître vos bontés par de grandes largesses ; mais je suis toujours dans le même état ; je ne suis vraiment riche qu'en affection et en reconnaissance.

Excusez-moi donc d'être dans une position dont je souffre plus que personne. Dieu qui ne laisse aucune vertu sans récompense, qui sait combien vous avez fait pour moi, voyant mon insuffisance, y suppléera en vous accordant tout ce dont vous pouvez avoir besoin.

Votre humble et respectueux fils.

Un ou une domestique à ses parents en envoyant un cadeau.

MON CHER PÈRE ET MA CHÈRE MÈRE,

Tous les ans à cette époque je m'empresse de vous écrire pour vous exprimer combien je vous suis reconnaissant, combien j'éprouve de plaisir à vous présenter mes vœux.

Depuis ma dernière lettre, ma position est la même. Je suis toujours chez les mêmes maîtres; je n'ai pas de raison pour me plaindre d'eux, et je me plais assez à leur service, quoiqu'il soit difficile et pénible.

Je vous envoie un petit cadeau; il n'a pas une valeur bien grande; mais je vous prie de l'accepter comme souvenir et témoignage de la sincère affection de

Votre reconnaissant fils.

Un militaire à ses parents.

MES CHERS PARENTS,

Je ne manquerai pas à mon devoir en laissant passer le premier jour de cette année sans vous témoigner ma reconnaissance, et vous adresser l'expression des sentiments qui règnent dans mon cœur. Je suis éloigné de vous ; mais la distance n'efface pas de mon souvenir votre sollicitude et vos bontés.

La garnison où nous sommes n'est pas mauvaise; je n'en désire pas moins que mon temps de service finisse, pour avoir le plaisir d'aller partager vos travaux et vous prouver mon amitié.

Dans l'attente de cet heureux moment, je vous embrasse de tout mon cœur et vous prie d'embrasser de même pour moi toutes les personnes de ma famille.

Votre bien respectueux fils.

Un marin à ses parents.

MON CHER PÈRE ET MA CHÈRE MÈRE,

L'année ne commencera pas sans que je vous présente les souhaits sincères que je fais pour votre prospérité et votre bonheur. Je désire que vous soyez toujours bien contents et tout à fait heureux.

Il est question d'un nouveau voyage : écrivez-moi avant notre départ, afin qu'au moins je sois tranquille quand je naviguerai dans des pays lointains.

Dites pour moi toutes sortes de choses affectueuses à la famille et à nos amis.

Je vous embrasse de tout mon cœur.

Votre fils.

A un oncle, à une tante.

MON CHER ONCLE,

Il y a bien longtemps que vous ne m'avez écrit ; il y a bien longtemps que je ne vous ai écrit moi-même. Permettez-moi donc de rompre le premier le silence pour vous présenter mes souhaits de bonne année et l'assurance de mon affection, de mon dévoûment.

Soyez assez bon pour embrasser ma tante pour moi, et lui dire que, plein de gratitude, je fais aussi pour elle les plus sincères vœux.

Votre affectionné et reconnaissant neveu.

A un cousin, à un parent, à un ami.

MON CHER COUSIN,

Nous avons trop d'amitié l'un pour l'autre, vous me portez trop d'intérêt pour que je ne vous souhaite pas toutes sortes de prospérités au renouvellement de cette année.

Puisse votre santé être toujours florissante ! Puisse tout réussir au gré de vos désirs ! Soyez heureux, afin que votre bonheur ajoute au mien ; et surtout au commencement, comme au milieu et à la fin de l'année, n'oubliez pas

Votre tendre et dévoué cousin.

A un ami.

MON CHER AMI,

Je vous souhaite une bonne année; c'est-à-dire que je vous souhaite la continuation du bonheur dont vous jouissez. Vous avez une santé parfaite; vous pourriez peut-être avoir une fortune plus considérable, mais à quoi vous servirait-elle? N'êtes-vous pas heureux?

Portez-vous donc bien et croyez-moi toujours

Tout à vous.

A un tuteur, à un bienfaiteur.

MONSIEUR,

Je vous ai trop d'obligation, trop de reconnaissance pour laisser passer le jour de l'an sans vous témoigner mes respects, et vous dire combien je suis confus de vos bontés. En aucune circonstance vous n'avez refusé de me rendre service, mon cœur n'oubliera jamais ce qu'il vous doit.

Veuillez donc, Monsieur, agréer les vœux que je forme pour votre bonheur et me croire

Votre dévoué et reconnaissant serviteur.

A un protecteur

MONSIEUR,

Permettez-moi de vous écrire et de vous présenter mon hommage respectueux et mes souhaits de bonne année. Vous avez eu pour moi tant de bienveillance, tant de bonté, que je me regarderais comme un ingrat, si je ne vous témoignais pas ma reconnaissance et mon dévoûment.

Que Dieu vous accorde la récompense du bien que vous m'avez fait et que chaque jour vous ne cessez de faire à

Votre très....

IIème sujet.

MONSIEUR,

En vous écrivant, je crains de vous importuner; mais vous êtes si bon, si généreux, que je ne puis cependant pas laisser passer ce jour sans vous offrir le tribut de reconnaissance, de dévoûment que je vous dois.

Daignez donc, Monsieur, je vous prie, recevoir cette lettre sans vous plaindre de mon importunité, daignez accepter l'hommage de ma profonde gratitude.

Si le bonheur dépend des souhaits, votre cœur

satisfait en toutes choses, n'aura rien à envier aux plus heureux.

J'ai l'honneur d'être avec respect,

Monsieur,

Votre très-humble et très-obéissant serviteur

A un frère ou à une sœur.

MA CHÈRE SŒUR,

Tu sais bien que je t'aime en toute circonstance et toujours; je ne profite pas moins de l'occasion du renouvellement de cette année pour t'offrir le tribut de mon dévoûment, de mon affection.

Ton cœur te dira, ma bonne sœur, quels vœux je fais pour toi. N'oublie pas surtout, si je puis t'être bon à quelque chose, que je serais heureux de me voir contribuer à ton bonheur.

Adieu, ma sœur, soigne ta santé, n'aie point de chagrins, point de peines, et pense à ton frère qui t'aime et t'embrasse cordialement.

A un parrain, à une marraine.

MON CHER PARRAIN,

La bonté que vous avez toujours eue pour moi me fait espérer que vous daignerez accueillir les vœux que je fais pour vous au commencement de cette nouvelle année. Ces vœux sont si sincères, et j'ai si grand besoin de votre protection et de votre amitié, que le ciel les exaucera. Ainsi, rien ne manquera à mon bonheur, puisque, toujours accablé de vos bienfaits, je vous verrai tout à fait heureux.

Portez-vous bien, mon cher parrain, et pensez à

Votre affectionné et reconnaissant filleul.

A un patron, à un maître, à une maîtresse.

Je me croirais blâmable, et je le serais en effet à mes propres yeux, si je laissais passer le jour de l'an sans vous témoigner ma reconnaissance pour toutes les bontés que vous eûtes jadis pour moi.

Je n'ai pas oublié qu'auprès de vous je n'eus qu'à me féliciter de mon sort, et que vous avez toujours fait ce qui était en votre pouvoir pour me rendre heureux.

Croyez bien, mon cher maître, que je vous suis reconnaissant, et que je désire que vous trouviez sur cette terre la récompense de vos vertus.

Votre humble et dévoué.

A un grand-père, à une grand'mère.

MON CHER BON PAPA, MA CHÈRE BONNE MAMAN,

Nous voilà arrivés à la bonne année; j'attendais depuis longtemps ce jour avec une bien grande impatience, pour vous présenter mes vœux et vous dire combien je vous aime.

Ce matin, j'ai demandé à Dieu qu'il vous donne une santé parfaite, et qu'il accomplisse tous vos désirs. Ma prière sera écoutée, parce que Dieu exauce toujours les petits enfants qui le prient. Je n'ai qu'un chagrin, c'est d'être éloigné de vous et de ne pouvoir vous embrasser tendrement.

Adieu, bon papa et bonne maman.

Je suis, avec le plus grand respect,

Votre affectionné petit-fils.

A une demoiselle.

MADEMOISELLE,

Vous êtes trop parfaite, et vous méritez trop de compliments, trop d'éloges, pour que je puisse laisser passer le jour de l'an sans vous exprimer les vœux que forme mon cœur. Mais que puis-je vous souhaiter que vous n'ayez point? Joie, beauté, vertus, vous avez tout.

Quoique vous soyez ainsi riche en mille perfections, il y a cependant une chose qui vous manque et que pourtant je serais bien heureux de vous voir : c'est un peu de bienveillance et de bonté pour celui qui est

Votre dévoué et sincère admirateur.

Autre à une demoiselle.

MADEMOISELLE,

Vous souhaiter la bonne année, c'est vous souhaiter la possession des vertus et des grâces qui vous embellissent; c'est vous souhaiter une bonté d'ange, un cœur généreux et bienveillant.

Je fais mille vœux pour que vous soyez bien heureuse, Mademoiselle.

Dans votre bonheur, daignez penser à celui qui se dit et sera toujours

Votre humble et sincère ami.

RÉPONSES AUX LETTRES DU JOUR DE L'AN.

J'ai reçu ta lettre du jour de l'an avec un très-grand plaisir. Je te remercie des vœux que tu fais pour moi; ces vœux me sont d'autant plus agréables que je sais qu'ils partent d'un bon cœur.

Accepte à ton tour les souhaits que je fais pour que tu sois également heureux.

Ton dévoué.

Autre.

MONSIEUR,

Je vous remercie beaucoup des bons souhaits que vous m'avez adressés au commencemen de cette année. Je ne doute pas qu'ils ne contribuent à mon bonheur, à ma prospérité. Croyez bien que, de mon côté, je fais des vœux pour que vous soyez aussi heureux que vous désirez que je le sois moi-même.

Le ciel m'exaucera, car vous êtes digne de toutes les faveurs qu'il peut vous accorder.

J'ai l'honneur d'être,

Monsieur,

Votre bien affectionné serviteur.

Autre réponse à une demoiselle.

MADEMOISELLE,

Je suis très-honoré des bons souhaits que vous m'adressez. Le ciel aura égard à vos vertus et à votre mérite; il les exaucera, et je ne puis manquer d'être heureux. Je vous devrai donc mon bonheur, Mademoiselle; j'en serai enchanté; mon obligation égalera alors mon amitié, et je pourrai me dire de plus en plus

Votre très-humble et très...

Autre.

MON CHER MONSIEUR, MON CHER AMI,

Je suis très-sensible à votre souvenir et à vos bons souhaits. Si vous désirez que je sois heureux, il n'est personne aussi à qui je souhaite autant de bonheur qu'à vous.

Cela tient à l'estime et à l'affection que je vous porte. Croyez donc bien qu'en toute circonstance je me ferai un plaisir de vous être agréable, et utile même, si je le puis.

Votre ami et serviteur.

CHAPITRE III

LETTRES POUR LES FÊTES

A un père, à une mère.

MON CHER PÈRE,

Le jour de votre fête est un beau jour, puis qu'il me procure le plaisir de vous exprimer mon respect et mon affection. J'adresse des vœu au ciel afin qu'il vous conserve à tous ceux qu vous aiment. Jouissez d'une santé inaltérable ; que vos entreprises réussissent et que vos désirs soient comblés.

Tels sont les vœux de

Votre humble et obéissant fils.

A un père, à une mère, à un oncle, à une tante.

MON CHER ONCLE,

Vous souhaiter votre fête fut toujours pour moi un bonheur, un plaisir véritable. Ne vous étonnez donc pas de me voir aujourd'hui si empressé de me procurer cette satisfaction.

Il me semble qu'il vous manquerait quelque chose, si mes vœux n'arrivaient pas comme à l'ordinaire, et si ma tendresse ne s'épanchait pas en vous souhaitant toutes sortes de prospérités.

Portez-vous bien, que votre cœur ait tout ce qu'il désire, et votre bonheur fera le mien.

Tout à vous.

A un grand-père, à une grand'mère.

MON GRAND-PAPA,

Ne crois pas que j'oublie jamais que la Saint-Pierre est ta fête. J'ai trop de plaisir à te la souhaiter et à te dire que je t'aime, pour laisser passer ce jour sans t'écrire.

Puisque je n'ai pas le bonheur d'être près de toi, reçois au moins l'assurance de mon respect et mes souhaits les plus sincères. Porte-toi bien et aime toujours ta petite-fille comme elle jure de t'aimer.

Adieu, mon bon papa, je t'embrasse de tout mon cœur.

A un parrain, à une marraine, à un bienfaiteur.

MONSIEUR,

Lorsque je vous écris, je crains toujours de vous importuner, et cependant quand nous sommes arrivés au jour de votre fête, puis-je ne pas vous exprimer ma reconnaissance, et ne pas vous remercier de vos bontés ?

Si vous me témoignez de la bienveillance, ne

dois-je pas à mon tour me montrer reconnaissant ? Je trouve mon excuse dans la grandeur même de vos propres bienfaits.

Pardonnez-moi donc, Monsieur, et croyez que toujours, comme aujourd'hui, je serai

Votre très-humble et très-reconnaissant...

Autre à un protecteur.

MONSIEUR,

Excusez un étranger qui se permet, le jour de votre fête, d'unir sa voix à toutes celles de votre famille pour vous offrir son hommage et vous présenter ses respects. S'il l'ose, c'est que nul ne vous a autant d'obligation que lui ; c'est que nul ne doit vous être aussi reconnaissant. Vos bienfaits autorisent sa gratitude.

Portez-vous bien, Monsieur, soyez heureux et croyez au dévoûment de

Votre très-humble et très...

A un parent.

Bonne santé, bonne fête. On m'a écrit que vous aviez eu des peines, des chagrins. J'ai bien ressenti votre douleur : je souhaite que les jours qui vont suivre, soient plus heureux que ceux qui sont passés. Ayez enfin le bonheur, et croyez-moi toujours

Votre...

A un ami.

MON CHER AMI,

Ce n'est pas la coutume, mais l'amitié qui me porte aujourd'hui à te souhaiter ta fête. Je joins mes vœux à tous ceux que l'on t'adresse ; ils sont sincères et ils seront exaucés parce que, légitimes, ils ont pour objet ton bonheur.

Tout à toi.

A une demoiselle.

C'est votre fête, charmante Marie, permettez-moi de vous présenter mes vœux et mon hommage. Vous avez de nobles qualités, vous êtes pleine d'attraits; vous méritez bien tous les souhaits qu'on peut faire pour vous. Mais c'est aussi parce que vous avez toutes les vertus, qu'il est difficile de vous souhaiter quelque chose que vous n'ayez pas.

Conservez donc toujours les dons précieux qui vous ornent et que Dieu vous a donnés avec tant d'abondance.

Soyez bonne, pensez un peu à moi, et une seule de vos pensées fera le bonheur de

Votre tout dévoué.

CHAPITRE IV

LETTRES D'AMOUR TENDRE ET RESPECTUEUX

DÉCLARATIONS

Lettre d'amour à une demoiselle.

MADEMOISELLE,

Si vous n'étiez pas si parfaite, si indulgente, je ne vous écrirais pas, de peur de vous déplaire et d'attirer sur moi votre courroux. Mais vous êtes bonne, et vous ne vous offenserez pas de m'entendre vous dire que vous avez fait sur moi une impression que rien ne peut effacer. J'ai bien senti à la première fois que je vous ai vue que mon cœur allait être en votre pouvoir, que mon âme n'allait plus penser qu'à vous.

Mais pouvais-je me défendre de vous aimer, puisque vous êtes la personne que j'ai jusqu'ici vainement cherchée?

Mademoiselle, vous n'êtes point méchante point cruelle ; ne faites pas violence à votre caractère compatissant pour me repousser. Permettez-moi de vous présenter mon hommage ; rendez heureux

Votre très-humble et très-obéissant.

Autre.

MADEMOISELLE,

Excusez-moi d'oser vous faire l'aveu de l'amour pur et sincère que vous m'avez inspiré. Bien des fois, enivré de vos ravissantes perfections, je me suis approché de vous avec la résolution de vous exprimer les sentiments qui remplissent mon cœur; mais plus je me sentais de dévoûment et d'amour, moins j'avais de force et d'expression pour vous le dire.

Mademoiselle, daignez ne pas vous offenser de mon hommage; il est pur et sincère; je n'ai qu'un désir, c'est celui de vous plaire et de gagner vos bonnes grâces en me soumettant à votre volonté.

J'ai l'honneur d'être avec respect, Mademoiselle, votre très-humble et très-obéissant serviteur.

Autre.

MADEMOISELLE,

Vous avoir vue et vous aimer ensuite est une chose si simple, si ordinaire, que je suis bien certain de ne pas vous étonner en vous apprenant qu'épris de vos perfections, de vos attraits, nuit et jour je pense à vous.

Essayer d'être maître de ce penchant qui me

porte vers votre aimable personne, de ne plus éprouver ce désir de vous voir, de vous entendre, serait inutile : ce combat contre mon propre cœur ne ferait qu'augmenter mon amour. Et d'ailleurs pourquoi chercherais-je à ne plus vous aimer, puisque je trouve le bonheur dans mon affection ?

Mademoiselle, après cet aveu, ne changez rien à votre existence accoutumée ; laissez-moi vous voir comme à l'ordinaire. Me fuir, me priver de votre présence, serait vouloir rendre malheureux celui qui voudrait employer toute sa vie à vous plaire et à faire votre bonheur.

Je suis avec respect et affection,

Mademoiselle,

Votre...

Autre.

MADEMOISELLE,

Vous êtes allée dans une maison amie où je me trouvais. J'ai eu le bonheur de vous voir, et vous m'avez paru si belle, si modeste ; votre entretien a tellement touché mon cœur, que, depuis ce temps, votre image n'est pas sortie un instant de mon souvenir.

Mademoiselle, il ne faut pas de longues années pour apprécier vos qualités aimables ; vous êtes à mes yeux parfaite, et je serais le plus heureux des hommes si vous vouliez me permettre de vous présenter mon hommage et mes respects.

Ma main est celle d'un honnête homme, daignez l'accepter, Mademoiselle : vous n'aurez point de regret, parce que vous trouverez en moi un ami sincère, un époux tendre et dévoué.

Votre humble...

Demande de réponse à une lettre d'amour, à une déclaration.

MADEMOISELLE,

Plein de dévoûment et d'affection, je vous ai écrit pour vous prier d'accepter mon hommage. Vous ne n'avez pas répondu. Votre silence, Mademoiselle, m'est bien pénible. Pourquoi n'avoir pas un peu de bienveillance pour un homme qui a pour vous tant d'estime, tant de respect?

Mademoiselle, je vous en prie, soyez bonne; tirez-moi de la cruelle incertitude dans laquelle je suis plongé.

En attendant votre réponse, j'ai l'honneur d'être, Mademoiselle,

Votre très-humble, etc.

Réponse favorable d'une jeune demoiselle.

MONSIEUR,

J'ai reçu votre lettre; peut-être ne devrais-je pas y répondre; mais, ainsi que vous le dites, je ne suis malheureusement pas cruelle, et je veux bien croire à votre sincérité, à votre affection. Je pense bien, Monsieur, que vos vues sont honnêtes, mais vous savez que je ne suis pas tout à fait ma maîtresse; j'ai un père et une mère (ou un tuteur, un maître, un patron), adressez-vous d'abord à eux, et s'ils vous autorisent à venir à la maison, vous verrez, avec le temps, si je possède bien réellement les qualités que vous pouvez désirer.

Maintenant, ne m'écrivez plus, vous connaissez ma pensée; je souhaite qu'elle soit conforme à vos désirs.

Votre très-humble servante.

Autre réponse sur le même sujet. Refus.

MONSIEUR,

J'ai reçu votre lettre, je suis très-honorée des compliments que vous me faites et des sentiments que vous exprimez, mais je dois vous dire franchement que je ne puis accueillir l'hommage que vous m'offrez. Les motifs de mon refus ne concernent nullement votre personne.

C'est pourquoi je vous prie de recevoir l'assurance de mon estime et de mes regrets.

Votre servante.

Autre réponse.

MONSIEUR,

Je regrette de ne pouvoir accepter l'hommage que vous voulez bien m'offrir. Mon intention n'est pas de me marier en ce moment.

Je vous remercie, Monsieur, des éloges que vous me donnez, et j'ai l'honneur d'être

Votre...

Lettre d'un militaire ou d'un marin à sa future dans son pays.

MADEMOISELLE,

Voilà déjà plusieurs années que je suis au service ; mais les agréments des villes, les voyages et les changements de garnison, ne m'ont pas fait oublier que je vous ai promis de toujours penser à vous. Suis-je au moins payé de retour ? Vous souvenez-vous bien de la promesse que vous m'avez faite vous-même de m'attendre, de me rester fidèle ? L'époque éloignée de mon congé arrivera-t-elle sans que vous ayez perdu patience, sans qu'un autre ait pris ma place dans votre cœur ?

Ce serait bien mal, voyez-vous! Car vous savez-bien que je vous aimais, et que ce n'est pas ma faute si j'ai été arraché à mon amour.

Non, je préfère croire que mon souvenir reste gravé dans votre cœur, et que je suis toujours

Votre tendre et dévoué ami.

Lettre d'une jalousie craintive et respectueuse.

MADEMOISELLE,

Vous savez combien je vous aime; vous savez combien je vous admire, combien je vous trouve belle; eh bien! plus je vous aime, plus je vous vois, plus je souffre et moins je suis heureux.

Ce sont précisément vos vertus et vos attraits qui sont cause de ma souffrance, car je me dis : Clarisse est belle, Clarisse a toutes sortes de qualités; or, cette beauté, capable de ravir tous les hommes, ne ravit-elle réellement que moi? ces qualités qui frappent tout le monde sont-elles pour moi seul?

Vous le voyez, Clarisse, je suis jaloux; oui, jaloux de vos vertus, de vos perfections, jaloux comme l'avare l'est de son trésor.

Je vous en prie donc, ne déchirez pas mon cœur, ne faites rien qui prouve que je ne suis pas dans votre pensée, que je ne suis pas toujours le préféré.

Je ne veux point vous tracer une règle de

conduite; je ne veux vous empêcher ni de parler ni de sourire; mais, quand nous ne sommes pas ensemble, Clarisse, il me semble que votre langage et votre sourire doivent être moins gracieux, moins agréables qu'avec moi.

D'ailleurs, toutes mes paroles sont vaines, je n'ai pas besoin de vous dire ce qu'il faut faire; pardonnez-moi d'abord mes idées jalouses; aimez-moi véritablement ensuite, et je serai heureux. Votre humble...

Lettre de reproches et de justification.

MADEMOISELLE,

Vous me défendez d'aller désormais chez vous, vous ne voulez plus me voir. Est-ce bien vous qui avez le courage de m'écrire une pareille lettre? Vous que j'aimais tant, me condamner à l'exil, me laisser en proie à d'éternels regrets! Je n'aurais jamais cru que vous auriez ainsi rempli mon cœur d'amertume et de désespoir.

Oh! vous aurez beau faire, vous ne m'empêcherez jamais de vous avoir présente à ma pensée, jamais de vous voir dans mes rêveries et dans mes songes. J'avais fait le serment de vous aimer toute ma vie; je me croyais au comble du bonheur, et voilà que, me trouvant des torts, vous refusez mon hommage.

Vous allez me rappeler ma conduite d'autrefois et vous la confondez avec celle d'à présent. Pourtant, vous savez bien que vos grâces et vos attraits m'ont rendu insensible à tous les plaisirs et à toutes les étourderies de ma première jeunesse; vous savez bien que désormais je tiendrai mes serments. Être infidèle avec vous, charmante Marguerite! vous doutez donc de vous-même; vous doutez donc de votre puissance! Ne savez-vous pas que vous régnez entièrement sur mon âme, et n'avez-vous pas fixé mon cœur à jamais?

En faisant votre connaissance, j'ai reconnu que l'amour tenait surtout aux qualités de l'âme et, dès ce jour, j'abandonnai ma vie, comme vous dites, un peu volage, je vous aimai, et ne pus aimer que vous.

Ne m'accusez donc plus. Permettez-moi, comme autrefois, d'aller vous présenter mes respects, et croyez bien que, quand bien même vous me feriez le pire des destins, je n'en serai pas moins

Votre humble...

CHAPITRE V

LETTRES RELATIVES AU MARIAGE

Lettre pour demander la protection de quelqu'un au sujet d'un mariage.

MONSIEUR,

Vous avez toujours été si bienveillant pour moi que, dans la circonstance où je me trouve, je me permets de solliciter votre généreux appui.

J'ai intention de demander en mariage mademoiselle... dont vous connaissez la famille; seriez-vous assez bon pour user un peu de votre influence en ma faveur? Quand on saura que vous m'accordez quelque estime, on sera, j'en suis certain, plus disposé à accepter ma demande.

Daignez donc, Monsieur, je vous en prie, dire quelques mots en faveur de

Votre très-humble et très-obéissant serviteur.

Lettre à un père pour lui demander la permission de se présenter chez lui afin de faire la cour à sa demoiselle.

MONSIEUR,

Vous ne me connaissez pas, et je le regrette beaucoup, parce que je serais un peu plus hardi, et parce que mon espérance serait plus grande.

Monsieur, je suis le fils de......, je suis ouvrier....., et je travaille chez..... Ce n'est pas à moi à faire mon éloge : je puis cependant dire que je ne crains pas qu'on s'informe de ma conduite auprès des personnes qui me connaissent : leur témoignage ne peut me nuire.

Monsieur, j'ai eu l'honneur de voir mademoiselle votre fille chez une de vos parentes. Ses grâces, ses vertus, ont fait une impression extraordinaire sur mon cœur, et je sens que je serais heureux, si vous vouliez bien me permettre de lui offrir mon hommage. Rien n'égalerait mon bonheur, si je pouvais l'avoir pour ma femme, si je pouvais lui plaire et obtenir sa main.

Soyez donc assez bienveillant, Monsieur, pour ne pas me refuser l'entrée de votre maison, et croyez qu'en toutes circonstances je me montrerai

Votre respectueux et obéissant serviteur.

Lettre d'un fils qui demande à son père son consentement pour se marier.

Mon cher père,

Je t'écris pour te demander ton consentement à mon mariage; depuis quelques mois je fréquente une demoiselle très-honnête et très sage : son caractère me convient, et définitivement je voudrais l'épouser. Elle n'a pas beaucoup de fortune ; de ce côté-là elle me ressemble ; mais elle est simple, économe, elle sera bonne femme de ménage; avec elle j'espère être heureux. Mon cher père, envoie-moi donc ton consentement, et sois bien certain que, si j'épouse cette jeune personne, c'est qu'elle est digne d'entrer dans la famille et d'être la femme de

Ton humble et reconnaissant fils.

Lettre à un père pour demander sa demoiselle en mariage.

Monsieur,

La bonté avec laquelle vous me traitez chaque jour quand je me présente pour offrir mon hommage à mademoiselle votre fille, les égards que vous voulez bien avoir pour moi m'enhardissent au point d'oser vous demander sa main. Si cette démarche vous paraît précipitée et hardie, je trouve mon excuse dans votre bonté et mon affection; mademoiselle votre fille peut seule, désormais faire le bonheur de ma vie; je sais qu'elle est riche en qualités et que je suis pauvre en mérites; mais je l'aime beaucoup, et quand il s'agit de mariage, l'amour n'est-il pas la principale vertu?

Prenez, Monsieur, les renseignements que vous jugerez convenables; j'espère qu'ils seront à mon avantage, et qu'ils ne feront qu'ajouter à l'estime que vous pouvez avoir pour moi; mais une fois ces renseignements pris, daignez me répondre et ne pas prolonger l'incertitude et le tourment de celui qui serait heureux et fier de se dire, Monsieur,

Votre très-humble et très-obéissant fils.

Autre. Même sujet.

MONSIEUR,

Avant tout, je vous prie d'excuser ma démarche, et de ne point la blâmer comme inconsidérée et légère.

Monsieur, j'ai eu le bonheur de voir mademoiselle votre fille : je ne vous dirai pas les qualités et les perfections que je lui trouve, ni l'impression qu'elle a faite sur moi; vous l'avez élevée, vous l'avez formée ainsi qu'elle est; vous connaissez mieux que personne les dons qui la parent.

N'ayant point l'honneur d'être connu de vous, j'aurais voulu renfermer dans mon cœur les sentiments que sa vue m'a inspirés, mais cela m'est impossible. Triste, sans courage, malheureux loin d'elle, son souvenir seul m'attache à la vie, elle seule peut me rendre le bonheur.

Excusez-moi donc si, n'écoutant que mon amour, j'ose solliciter sa main. Soyez bienfaisant, Monsieur, et daignez honorer d'une réponse

Votre très-humble et très...

Réponse favorable d'un père à la demande en mariage de sa fille.

MONSIEUR,

J'ai reçu la lettre que vous avez bien voulu m'écrire. Vous avez raison, Monsieur, ma fille est un ange de vertu, et elle mérite qu'on la rende heureuse. C'est parce que je connais ses qualités que je ne doute ni de votre sincérité ni de votre vive affection. Je vais lui parler de vous; si, après l'entretien que j'aurai avec elle à votre sujet, ma pensée est qu'elle désire votre union, soyez persuadé que, loin de combattre son inclination, je la favoriserai.

J'ai l'honneur d'être,

Monsieur,

Votre humble serviteur.

Refus d'un père à la demande en mariage de sa fille.

MONSIEUR,

Je regrette beaucoup d'être obligé de répondre par un refus à votre demande, qui nous honore. Mais ma fille est encore trop jeune, et ma volonté n'est pas de l'établir dans ce moment.

Agréez mes regrets et croyez-moi,

Monsieur,

Votre humble serviteur.

Lettre de demande en mariage d'une personne qui ne dépend que d'elle-même.

MADEMOISELLE OU MADAME,

A ma voix craintive et tremblante, chaque fois que j'ai eu l'honneur de vous parler; à mes regards, à mes soupirs, vous avez bien dû comprendre quelle impression vous avez faite sur mon cœur.

Soit affection de votre part, soit simple bonté, vous paraissez vous-même ne pas être indifférente à mes témoignages de tendresse. Serais-je donc assez heureux pour vous voir consentir à unir votre sort au mien?

Marié avec vous, le bonheur dont je jouirais serait si grand, que toute ma vie serait employée à contenter vos désirs, à vous être agréable en tout.

Répondez-moi, Mademoiselle, mettez la joie dans l'âme de

Votre dévoué et sincère admirateur.

Lettre d'un ou d'une domestique pour demander le consentement de ses parents.

MES CHERS PARENTS,

Il y a longtemps que je vous ai donné de mes nouvelles; ce n'est pas par indifférence, car j'ai toujours bien pensé à vous, mais j'étais un peu préoccupée; j'avais à me décider sur une chose importante et je voulais attendre; aujourd'hui que je crois bien faire, je vous écris. Je trouve une occasion de m'établir et de me marier, et c'est pour vous demander votre consentement que je vous envoie cette lettre. Mon prétendu s'appelle ***, il est ouvrier très-habile, il gagne bien sa vie, et il m'aime beaucoup. Il doit vous donner tous les renseignements désirables sur sa famille; mais, si vous souhaitez en prendre vous-mêmes, il est de..., écrivez à son endroit; vous verrez quelle sera la réponse, et si elle est favorable, vous me ferez passer votre consentement.

Portez-vous bien, mes chers parents; bien des choses affectueuses à nos amis et à toutes nos connaissances.

Votre respectueuse fille.

Lettre de demande en mariage d'un ouvrier ou d'un domestique qui a un peu d'argent.

MADEMOISELLE,

Je n'avais pas l'intention de me marier; mais je vous vois si laborieuse, si économe ; vous avez tant d'ordre et tant de qualités, que ma résolution est changée, et que je serais le plus heureux des hommes, si vous daigniez m'accorcorder votre main.

Vous connaissez ma manière de vivre; vous savez qu'à force de travail et d'économie j'ai amassé une petite somme; je vous l'offre, Mademoiselle: les épargnes que vous avez faites vous-même prouvent que nos goûts sont semblables, que nous avons les mêmes idées de prévoyance, par conséquent que nous sommes faits l'un pour l'autre, qu'ensemble nous serons heureux.

Ne me refusez donc pas, Mademoiselle, daignez répondre favorablement à

Votre très-humble et très-dévoué.

Réponse favorable.

MONSIEUR,

Avec vous je serai franche : je me trouve honorée de votre demande ; et l'estime que vous dites avoir pour moi, la tendresse que vous me témoignez, me rendent agréable, je l'avoue, votre proposition.

J'ai interrogé mon cœur, ses sentiments sont tout à votre avantage. C'est donc avec plaisir que je vous accorde ma main.

J'ai l'honneur d'être,

Monsieur,

Votre très-humble servante.

Autre réponse. Refus.

MONSIEUR,

Peut-être devrais-je garder le silence au sujet de la lettre que vous m'avez écrite ; cependant, comme vous pourriez m'attribuer des motifs qui ne sont pas ceux qui me feraient taire, j'ai l'honneur de vous répondre que, pleine de considération pour votre personne, des raisons que je ne puis vous dire m'empêchent cependant d'accepter votre demande.

J'ai l'honneur d'être.

Lettre de demande en mariage faite par un père pour son fils, au père d'une demoiselle.

MONSIEUR,

Je n'ai point l'honneur d'être connu de vous ; cependant je vous prie d'accueillir avec bienveillance la proposition que je vais vous faire.

Mon fils a eu le bonheur de voir mademoiselle votre fille, et il a conçu pour elle de si tendres sentiments, son affection est si vive, qu'en me faisant l'aveu de son amour il m'a conjuré de demander sa main.

Soyez bien persuadé, Monsieur, que je ne vous ferais pas cette demande, si je n'étais convaincu que mademoiselle votre fille sera heureuse. Je connais mon fils: intelligent, bon, généreux, il a tout ce qu'il faut pour plaire à une femme, et surtout pour lui rendre la vie agréable.

Ayez donc, Monsieur, l'obligeance de me répondre, et laissez-moi espérer que vous daignerez accepter la demande de

Votre très...

Réponse favorable.

MONSIEUR,

Je suis honoré de la proposition que vous me faites. Si les sentiments de ma fille répondent à ceux de monsieur votre fils, je ne vois rien qui puisse s'opposer à ce que nous arrivions à nous entendre. Mais, comme le mariage est chose grave et importante, donnez-vous la peine de venir me voir, ou écrivez-moi de nouveau, afin que nous puissions savoir l'un et l'autre quels arrangements nous devons prendre.

Veuillez agréer, etc.

Autre réponse. Refus.

MONSIEUR,

Je regrette de ne pouvoir accueillir la demande que vous me faites pour monsieur votre fils. Des considérations que je ne saurais développer ici ne me permettent pas dans ce moment de marier ma fille.

J'ai l'honneur d'être.

Lettre au sujet de sommations respectueuses.

MON CHER PÈRE ET MA CHÈRE MÈRE,

Je vous écris une dernière fois pour vous prier de donner enfin votre consentement à mon mariage. Je le fais avec la soumission et le respect que doit avoir un fils pour son père et sa mère; mais résolu, si vous persistez à me le refuser, d'employer le moyen que la loi me donne pour l'obtenir.

Ce moyen répugne à ma tendresse, je préférerais mille fois me soumettre à votre volonté; mais le puis-je ? J'aime celle dont vous voulez me séparer; je l'aime parce qu'elle est bonne pour moi, parce que ma conviction est qu'elle fera mon bonheur. Ne suis-je pas, dans cette circonstance, le meilleur juge, puisque c'est moi qui me marie, et n'est-ce pas, avant tout, mon cœur que je dois consulter?

Je vous en supplie, ne persistez pas dans votre efus; ne me forcez pas d'agir d'une manière ésagréable, et croyez-moi surtout et toujours

Votre respectueux fils.

Lettre de conseils d'un père à son fils avant le mariage.

MON CHER FILS,

Tu te maries, mon intention n'est pas de mettre des entraves à ton mariage; tu es assez intelligent, tu es d'un âge assez raisonnable pour savoir ce que tu fais et pour comprendre les obligations que tu contractes. On ne se marie pas pour un jour, mais pour toute la vie.

Vois donc bien si la femme que tu prends a non-seulement les qualités du corps qui attirent et captivent, mais encore et surtout les qualités de l'âme, les qualités du cœur qui attachent et qui lient.

Sache bien que cette femme que tu prends, une fois ta compagne, aura droit à ton aide, à tes bons soins, à ton affection.

Il ne faut pas que tu espères, marié, continuer à mener la vie de garçon; les reproches, les chagrins et peut-être la misère entreraient dans ton ménage. Il faudra que tu trouves ta joie à demeurer sous le toit conjugal, à être auprès de ton épouse.

Supposons même que ta femme ait quelques travers, quelques défauts, ce n'est ni par la brusquerie, ni par la violence, ni par les injures que ces défauts peu à peu disparaîtront; mais par la bonté, par les causeries amicales, par les doux reproches, par la persuasion.

Mon cher enfant, sois bon pour ta femme; et ta femme, à moins d'être un monstre, ne sera jamais mauvaise pour toi.

Conduis-toi en vrai chef, en vrai père de famille, et tu en conserveras toujours l'autorité.

Ayez des égards, des attentions l'un pour l'autre; aimez-vous, soyez économes, rangés, thésaurisez par l'économie, afin d'élever dans la joie et l'aisance les enfants que Dieu vous enverra.

Adieu, mes chers enfants, écrivez-moi, aussitôt votre mariage; je vous embrasse de tout mon cœur.

Votre père.

Lettre d'un père pour détourner son fils d'un mariage.

MON CHER FILS,

Tu m'as écrit pour m'annoncer que tu désires te marier avec une demoiselle appelée...

Mon cher fils, écoute bien les observations que je vais te faire; tu passeras outre si tu veux, au moins je n'aurai pas de reproches à m'adresser. J'ai pris des renseignements. Cette jeune personne, à mon idée, ne te convient point; elle est d'abord trop jeune, ensuite elle est souvent malade; vous êtes presque des enfants tous deux, que feriez-vous? A peine si ce que tu gagnes peut te suffire; comment viendras-tu à bout de nourrir et d'entretenir une femme? Crois-moi, attends que tu sois un peu plus âgé, attends que tu aies mis de côté quelque argent, que tu aies fait quelques économies. Alors si tu trouves une femme capable de te rendre heureux, je consentirai à ton mariage de bien grand cœur; jusque-là, je ne te donnerai mon consentement qu'à regret.

Adieu, mon cher fils; tu feras bien de suivre mes conseils, surtout crois-moi toujours

Ton affectionné père.

Lettre d'une mère pour détourner sa fille d'un mariage.

MA CHÈRE FILLE,

J'ai reçu ta lettre qui m'a fait une très-grande peine. Comment, tu veux te marier avec Hippolyte N.... Mais je ne comprends pas que ce jeune homme ait gagné ton cœur, et que tu aies pour lui de l'affection. Est-il à même de gagner ta vie, pourrait-il jamais te rendre heureuse? Il a une conduite que tout le monde trouve mauvaise. Il ne travaille pas le quart des jours de la semaine, il est violent, emporté : qu'espères-tu donc, ma chère enfant?

Crois-moi, renonce à ce mariage; je n'ai point de dot à te donner : ce jeune homme n'a rien amassé et travaille à peine, ce n'est pas le mari qui te convient. Vous ne pourriez que vous plonger tous deux dans la misère.

Prends patience, attends; écris-moi surtout afin que je ne sois pas dans l'inquiétude et la peine, et reçois, ma chère fille, l'assurance de l'attachement et de l'affection de

Ta mère.

Lettre de conseils d'une mère à sa fille avant le mariage.

MA CHÈRE FILLE,

Nous t'envoyons notre consentement à ton mariage, tu vas épouser celui que ton cœur a choisi; permets à ta mère, à cette époque solennelle de ta vie, de te donner quelques conseils. Ma sollicitude maternelle ne sera satisfaite que lorsque je t'aurai parlé à cœur ouvert.

Ma chère enfant, songe bien aux obligations de ta nouvelle existence; tu te maries pour être heureuse, pour rendre ton mari heureux, n'est-ce pas? Eh bien! pour que vous le soyez tous les deux, pour que votre ménage soit un ménage de paix et d'union, il faut que tu sois douce, propre, rangée, économe. Si tu découvres dans ton mari quelques imperfections que tu n'avais pas vues jusqu'à ce jour, ne le reprends pas avec colère et brusquerie, ramène-le dans le bon chemin par des paroles amicales, par les caresses, s'il le faut. par la persuasion. Qu'absent il te regrette, qu'il se plaise moins dehors qu'auprès de toi. Rends-lui le foyer de la maison agréable. Si dans ses travaux et dans son commerce il a des inquiétudes, des chagrins, qu'il trouve auprès de toi encouragement, consolation; ne le frappe jamais quand il sera tombé, mais relève-le. N'ajoute jamais à ses ennuis par ta mauvaise humeur, par tes reproches. Quel soit fier en un mot de tes qualités, de ta conduite et de tes vertus.

Sois économe, ma chère enfant, ne dépense pas follement et sans nécessité ce que ton mari aura gagné avec peine. Amasse pour les jours mauvais; vous pouvez l'un ou l'autre tomber malade, ne soyez pas alors sans ressource; et puis ne faut-il pas songer aux enfants; si Dieu t'en envoie, je ne te recommande pas de les aimer, de les bien soigner; la tendresse maternelle existe naturellement dans notre cœur, je te recommande la patience, une vigilance de chaque instant, une grande douceur.

Adieu, ma chère fille, portez-vous bien tous deux, écrivez-moi et recevez les embrassements

De votre tendre mère.

Lettre pour faire part de son mariage.

M.

M. Joseph Martineau a l'honneur de vous faire part de son mariage avec Mlle Élisa Léger;

Et vous prie d'assister à la bénédiction nuptiale qui leur sera donnée le... janvier 186... à onze heures, en l'église de...

Autre à un ami.

MON CHER AMI,

Je me marie avec une femme charmante; la bénédiction nuptiale nous sera donnée à... le... Viens assister à mon bonheur. Tu seras mon témoin; je compte sur toi.

Ton ami.

Invitation à la noce.

MON CHER MONSIEUR OU MON AMI,

Mardi prochain, le... je dois me marier à la mairie et à l'église. Après la cérémonie il y aura une noce superbe; daignez recevoir et accepter notre invitation. Venez augmenter notre joie par votre présence. Nous ferons tout ce qui dépendra de nous pour que votre séjour et votre voyage vous soient agréables; ma femme vous embrassera de tout son cœur, et moi je serai

Votre reconnaissant serviteur et ami.

CHAPITRE VI

LETTRES ET ANNONCES DE MALADIE, DE DÉCÈS

Lettre à un fils ou à une fille, pour annoncer la maladie d'un père ou d'une mère.

MON CHER FILS,

Ta mère est tombée malade, et sa maladie nous donne de bien grandes inquiétudes. Le médecin nous laisse peu d'espoir et nous sommes dans la désolation. Ta mère parle sans cesse de toi, ta vue lui fera du bien. Pars donc, si tu le peux, et arrive auprès de nous. Viens trouver ton père qui, triste et chagrin, a bien lui-même besoin de te voir.

Ton père.

Autre.

MON CHER ENFANT,

Il vient de nous arriver un bien grand malheur : ton père est tombé malade; sa maladie est grave et dangereuse et nous occasionne des dépenses au-dessus de nos forces. Envoie nous donc un peu d'argent afin que nous puissions acheter les remèdes que le médecin ordonne et les choses nécessaires en pareil cas.

Nous attendons ta réponse avec impatience.

Ta mère.

Lettre à un fils, à une fille, pour annoncer la mort du père ou de la mère.

MON CHER FILS,

Je t'ai écrit pour t'annoncer la maladie de ton père. Hélas! mon cher enfant, je le voyais bien souffrant, mais je ne m'attendais pas au malheur qui nous accable aujourd'hui. Nous venons de le perdre, mon cher fils; nos soins et nos secours ont été inutiles.

Tu dois sentir dans quelle douleur je suis plongée. Tu as fait toi-même une perte bien cruelle; personne ne remplacera ton père. Si tes affaires te le permettent, viens auprès de nous, peut-être ta présence apportera-t-elle quelque adoucissement au chagrin de

Ta mère.

Lettre pour annoncer à son frère ou à sa sœur la mort d'un père ou d'une mère.

MON CHER FRÈRE OU MA CHÈRE SŒUR,

J'ai une bien triste nouvelle à t'annoncer; votre pauvre père (ou notre pauvre mère) est décédé la nuit dernière après de longues et terribles souffrances. Nous sommes dans la douleur, et nous regrettons bien que tu ne sois pas là pour la partager. Viens, mon cher frère, ou envoie-nous ta procuration afin que nous puissions arranger ensemble les affaires. Il est inutile de dépenser en frais ce qui peut nous revenir dans cette succession.

Je suis, en t'attendant,

Ton frère.

Lettre d'un parent, d'un ami, pour annoncer à un fils, à une fille, la maladie de son père ou de sa mère.

MON CHER AMI,

L'inquiétude dans laquelle nous sommes, la crainte que nous éprouvons, ne nous permettent pas de garder le silence; nous ne voudrions pas te tourmenter inutilement; cependant il nous est impossible de ne pas te prévenir que ton père vient de tomber malade. Son état n'est pas désespéré; mais il nous alarme véritablement.

Il souffre beaucoup. Ses souffrances ne l'empêchent pas d'avoir toute sa raison et de nous reconnaître; il parle sans cesse de toi et te demande; nous craignons bien que ta place ne te permette pas de t'absenter et de faire un voyage; pourtant nous sommes convaincus qu'il serait heureux de te voir. Agis comme tu pourras et selon ton cœur : nous t'embrassons cordialement.

Tout à toi.

Autre pour annoncer la mort.

MON CHER AMI,

J'ai une bien mauvaise nouvelle à vous apprendre ; mais vous êtes un homme ; vous vous armerez de courage, et, quelque rude que soit ce coup, vous saurez le supporter : votre père, après une maladie douloureuse et courte, vient d'expirer. Je ne l'ai pas abandonné un instant durant son agonie ; il m'a chargé de vous faire ses adieux. Il regrettait beaucoup de ne pas vous voir au moment suprême auprès de lui. J'espérais qu'on le sauverait, mais le mal a été plus fort que tous nos soins.

On désirerait bien que vous fussiez présent pour régler les intérêts de la succession. Voyez si cela vous est possible et écrivez à

Votre ami et dévoué.

Lettre de consolation d'un fils ou d'une fille à son père ou à sa mère, après la mort de l'un des deux.

MON CHER PÈRE, OU MA CHÈRE MÈRE,

La nouvelle que vous m'avez apprise m'a été bien douloureuse : mon cher père est mort. Si vous ne me restiez, ma chère mère, je pourrais dire que je perds ce que j'ai de plus cher au monde. Les desseins de Dieu sont impénétrables, il faut se soumettre à sa sainte volonté. Je ne vous dirai pas de vous consoler, ma chère mère, une séparation si cruelle vous laissera à jamais inconsolable, je le sais. Surtout pensez que vous avez des enfants qui vous aiment, qui vont maintenant reporter sur vous seule toute leur affection. Croyez bien qu'ils feront tout ce qui sera en leur pouvoir pour que vous soyez heureuse, pour adoucir vos chagrins. Ne vous abandonnez donc pas à une tristesse excessive. Vous n'avez pas tout perdu, puisqu'en perdant mon père il vous reste ses enfants, qui sont une partie de lui-même. Vivez pour eux comme ils vivent pour vous.

Adieu, bonne mère, j'irai vous voir afin de vous embrasser de tout mon cœur.

Votre fils.

Lettre d'un gendre à ses parents pour leur annoncer la mort de sa femme.

MES CHERS PARENTS,

Je ne m'attendais pas à avoir aujourd'hui à vous écrire, je ne m'attendais pas surtout, hélas ! à la triste nouvelle que j'ai à vous annoncer. J'ai perdu la compagne de ma vie ; ma pauvre femme n'est plus.

Vous seuls comprendrez ma douleur et ma perte; vous seuls qui la connaissiez, qui savez combien elle avait de qualités, pourrez assez me plaindre dans mon malheur.

Je suis le plus infortuné des hommes; je ne me consolerai jamais.

Votre humble et désolé gendre.

Lettre de consolation d'un père ou d'une mère à une jeune veuve.

MA CHÈRE ENFANT,

Oui, je le sais, la perte que tu as faite est irréparable : tu as perdu le meilleur des maris; tu as perdu ton ami, ton soutien. Toute ta vie tu le pleureras, il le mérite, ma chère enfant. Mais, je t'en prie, je t'en conjure, ne t'abîme pas dans une douleur éternelle ; à quoi servirait de te rendre malade, de flétrir ton cœur et ton corps ?

Tu as entouré ton mari vivant de bons soins et d'affection, tu as tout fait pour lui conserver l'existence; si Dieu a voulu l'appeler auprès de lui, est-ce à toi à lutter contre la volonté de Dieu ? Soumets-toi, mon enfant; soumets-toi avec résignation et piété. Tu m'aimais jadis, tu écoutais mes avis, écoute-les encore; ne suis-je pas toujours là, moi, ton père (ou ta mère) qui t'aime, qui veille sur toi, qui ferais tout pour te consoler !

Viens auprès de nous, ma chérie, viens chercher dans nos embrassements un soulagement à tes chagrins.

Ton père affectionné.

Lettre d'une femme à ses parents, pour leur annoncer la mort de son mari.

MES CHERS PARENTS,

Le cœur navré, la douleur dans l'âme, je manque de forces pour vous écrire l'affreux malheur qui vient de me frapper. J'ai perdu mon mari ! je l'aimais plus que moi-même; mais à quoi m'ont servi mon amour et mon devoûment? Une maladie cruelle me l'a enlevé.

Mes pauvres enfants, qui ne sont pas assez grands pour comprendre toute l'étendue de la perte qu'ils ont faite, pleurent en me voyant pleurer. Ce sont eux surtout qui sont à plaindre : ne les abandonnez pas, je vous prie; pensez à eux, pensez à moi.

Votre bru.

Lettre à un père, à une mère, pour leur annoncer la mort de leur fils ou de leur fille.

MONSIEUR,

Pardonnez-moi si je vous chagrine, si la nécessité me force à vous donner une bien triste nouvelle : M votre fils, homme tout à fait estimable, que nous aimions tous, a été enlevé à notre affection ; il n'est plus. Il m'a chargé, avant de mourir, de vous écrire et de vous dire qu'il abandonnait cette terre plein de tendresse pour vous ; je remplis ces derniers vœux. Acceptez, Monsieur, mes compliments de condoléance, et croyez-moi

Votre dévoué serviteur.

Lettre d'un fils à ses parents, pour leur annoncer la mort d'un enfant.

MES CHERS PARENTS,

Je vous écris, bien triste et bien chagrin. Mon pauvre petit Paul, si gentil, si bon, est mort hier entre mes bras. Je vous déchirerais le cœur si je vous redisais les paroles d'amour et d'affection que le pauvre enfant m'a dites durant sa maladie. Il avait à chaque instant des réflexions qui me faisaient saigner l'âme. — Mes chers parents, écrivez-nous ; vos témoignages de tendresse peuvent seuls apporter quelque adoucissement à la douleur de

Votre fils.

Lettre pour annoncer la mort de sa femme à un ami.

MON CHER AMI,

Je t'écris aujourd'hui pour te donner une

mauvaise nouvelle ; ma pauvre femme est morte après une maladie de six semaines. Je reste veuf avec trois enfants en bas âge. Me voilà dans une position pénible, et je ne sais vraiment pas comment je ferai pour en sortir. Mes enfants perdent autant que moi, et nous nous ressentirons longtemps du coup qui nous a frappés.

Porte-toi bien et sois plus heureux que

Ton ami.

Lettre à un ami ou à un parent pour annoncer la convalescence.

MON CHER AMI,

Vous prenez trop d'intérêt à la santé de notre parent pour que je ne vous informe pas qu'après une semaine passée dans des souffrances très-grandes il va beaucoup mieux, et que le médecin l'a déclaré hors de danger. Il me charge de vous annoncer sa convalescence, et je le fais avec d'autant plus de plaisir que c'est une occasion pour moi de vous présenter mes amitiés et me rappeler à votre bon souvenir.

Votre...

Lettre de consolation.

MON CHER AMI,

Attaché à votre famille comme je le suis, lié

d'une sincère amitié avec vous, vous devez croire que j'éprouve un chagrin grand et véritable de la perte que vous avez faite. Le coup qui vous a frappé m'a déchiré le cœur. Mais, ami, vous le savez, il ne faut pas, même dans les circonstances les plus douloureuses, s'abandonner à une extrême affliction. Le cœur n'est jamais sans espérance ; quand il ne trouve point quelque consolation sur la terre, il regarde le ciel, et le calme renaît en lui.

Du courage donc, ami. La vertu s'épure au creuset de l'adversité. Ne vous laissez point abattre par le désespoir ; et, dans votre deuil, pensez à ceux qui partagent vos regrets et vous portent une véritable affection.

Votre...

CHAPITRE VII

LETTRES D'ANNONCE D'UNE NAISSANCE, DE DEMANDE D'UN PARRAIN OU D'UNE MARRAINE.

Lettre pour annoncer à un père, à une mère, l'accouchement de sa femme.

MES CHERS PARENTS,

Je suis heureux, ma femme vient de donner le jour à un gros garçon (ou à une petite fille) ; la mère et l'enfant se portent parfaitement bien. J'espère que vous allez m'adresser vos félicitations. Je les mérite.

Tout à vous.

Autre.

J'ai l'honneur de vous informer que, pour perpétuer ma race, ma femme vient de me donner un superbe garçon. Son accouchement a été laborieux et difficile. Mais enfin tout danger est passé, et je vous invite à partager la joie de

Votre...

Autre.

MON CHER AMI,

Joie et bonheur ! Il vient de nous arriver un gros et beau garçon qui se porte à merveille, et qui promet de devenir un superbe homme. La mère se porte bien, tout va ainsi pour le mieux. Nous vous attendons au baptême qui aura lieu demain soir.

Tout à vous...

Autre, annonçant la mort de l'enfant.

MES CHERS PARENTS,

Ma femme est accouchée au milieu des plus poignantes douleurs. Elle a souffert énormément. Malheureusement le deuil, au lieu de la joie, a succédé à ses souffrances : quand le pauvre enfant est venu au monde, il n'existait plus.

Cette perte laisse ma femme inconsolable : elle m'est à moi-même bien sensible. Mes chers parents, écrivez-nous ; dans cette circonstance nous avons bien besoin de consolation.

Votre.

Billet de faire part d'une naissance.

M... a l'honneur de vous faire part que sa

femme est heureusement accouchée d'un garçon (ou d'une fille).

La mère et l'enfant se portent parfaitement bien.

Lettre pour demander un parrain ou une marraine.

MON CHER AMI,

Ma femme vient de mettre au monde un beau garçon; elle m'a ainsi rendu heureux, et vous seriez bien aimable si vous vouliez participer à ma joie en en étant le parrain.

C'est une preuve d'amitié que je vous demande, ma femme vous en prie, vous ne nous refuserez pas. Votre tutelle portera bonheur à notre enfant. Protégé par vous à son entrée dans la vie, il grandira et sera sûr de faire son chemin.

Nous attendons une réponse favorable.

Tout à vous.

Réponse. — Acceptation.

MON CHER AMI,

J'ai reçu ta lettre, je comprends ton bonheur. Tu devais être bien certain que, dans cette circonstance, je serais heureux de pouvoir ajouter à ta félicité.

Je serai avec orgueil le parrain de ton enfant.

Ce sera un lien de plus qui m'unira à toi et surtout à lui.

Présente mes amitiés et mes respects à ta femme.

Refus.

MON CHER AMI,

J'éprouve une vraie douleur, un regret sincère de ne pouvoir accepter l'honneur d'être le parrain de ton enfant.

Un voyage que j'ai à faire, des affaires graves et importantes, ne me permettent pas de me rendre auprès de toi en ce moment. J'en suis véritablement chagrin.

Je t'en prie, excuse-moi auprès de ta femme, excuse-moi principalement auprès de ma commère; j'aurais été si heureux du bonheur que vous me procuriez, que je mérite qu'on me plaigne et non pas qu'on me blâme.

Lettre pour prier un protecteur ou un patron d'être parrain.

MONSIEUR,

Vous avez tant de bonté, vous aimez tant à rendre service et à faire le bien, que, encouragé par vos bienfaits, je sollicite de vous un bien grand honneur.

Ma femme a mis au monde ce matin une belle

petite fille; serez-vous assez bon, Monsieur, pour consentir à en être le parrain?

Votre acceptation portera bonheur à ma famille, et mon enfant sera heureuse, parce que vous déverserez sur elle, dès sa naissance, un peu de la bienveillance que vous témoignez à celui qui a l'honneur d'être, avec respect et considération,

Monsieur,

Votre très...

Acceptation.

MON CHER MONSIEUR,

J'accepte avec plaisir l'honneur que vous me faites; je serai bien volontiers parrain (ou marraine) de votre gentille petite fille. Je désire que l'idée que vous avez s'accomplisse, je souhaite lui porter en effet bonheur.

Je suis tout à vous.

Lettre à une dame ou une demoiselle, pour la prier d'être marraine.

MADAME,

Vous êtes aimable, vous êtes bonne; vous ne refuserez pas de me rendre le service que je vais vous demander.

Ma femme est accouchée d'une petite fille;

afin qu'elle soit bonne et généreuse comme vous, daignez être sa marraine; que votre nom la protége dans l'avenir.

Je suis, dans l'espérance que ma demande sera accueillie,

Votre...

Refus.

MON CHER MONSIEUR,

Je regrette infiniment de ne pouvoir accepter l'honneur que vous voulez bien me faire. J'aurais volontiers été parrain (ou marraine) de votre chère enfant, mais je ne le puis. Daignez m'excuser et me croire

Votre...

CHAPITRE VIII

LETTRES RELATIVES AUX NOURRICES

Lettre à une personne habitant un village pour la prier de procurer une bonne nourrice.

MADAME,

Excusez-moi, si, comptant sur votre obligeance et le plaisir que vous goûtez à faire le bien, je vous importune et vous prie de me rendre un véritable service. Je vais avoir bientôt un petit enfant que je désirerais confier à une nourrice. Seriez-vous assez bonne, Madame, pour voir s'il n'y en aurait pas une dans votre commune, ayant un bon lait et en qui je pourrais avoir pleine confiance? Je la désire propre, soigneuse, bonne, patiente : choisie par vous, elle aurait toutes ces qualités et me conviendrait parfaitement.

Permettez-moi donc d'espérer, Madame, que vous voudrez bien vous occuper un peu de l'objet de ma demande ; vous offrant, en retour, mes services et ma reconnaissance.

Je suis avec respect et considération,

Madame,

Votre...

Lettre à un maire de village, ou à un curé pour demander des renseignements sur une nourrice.

MONSIEUR LE MAIRE,
OU
MONSIEUR LE CURÉ,

J'ai un enfant en nourrice dans votre commune (ou dans votre paroisse), chez la nommée...; excusez-moi de m'adresser à vous pour obtenir des renseignements sur la manière dont il est traité. Je crains qu'on n'ait pas pour lui les soins convenables. Je vous en prie, Monsieur, daignez m'écrire comment se comporte cette femme, quel est son caractère, et surtout si elle ne maltraite pas mon enfant.

Je désire beaucoup que ma sollicitude de mère me fasse pardonner l'importunité de cette lettre. En m'excusant, vous rendrez reconnaissante celle qui a l'honneur d'être,

Monsieur,
Votre très-humble

Lettre d'une nourrice, pour annoncer que l'enfan est arrivé en bonne santé.

MONSIEUR ET MADAME,

Je vous écris pour vous informer que nous voilà arrivés au pays en bonne santé. Votre petit a été un peu fatigué du voyage; mais il est maintenant remis et se porte très-bien. Il vient à merveille, et j'en suis bien contente.

Je suis, Madame,
Votre servante.

Lettre pour annoncer que l'enfant a fait sa première dent.

MADAME,

Je m'empresse de vous annoncer que votre enfant, fort et vigoureux, se porte toujours très-bien, et qu'il vient de lui pousser une première dent, sans que pour cela il ait été malade.

Il se tient debout et marche presque tout seul. J'aurais besoin de différentes petites choses que je vous prie de m'envoyer le plus tôt possible. (Détailler ici ce qu'on desire recevoir.)

J'ai l'honneur d'être,
Madame,
Votre...

Lettre pour annoncer que l'enfant est malade.

MONSIEUR ET MADAME,

Je devrais peut-être attendre quelques jours et ne pas me hâter de vous écrire; mais j'aurais peur de recevoir de vous des reproches, si je ne vous informais pas que votre petit Jules vient de tomber malade. Le médecin, qui est venu, lui a ordonné une potion que nous lui avons fait prendre.

Nous espérons que cette maladie n'aura pas de suites fâcheuses. Que cette lettre ne vous jette donc pas dans l'inquiétude. Monsieur et Madame, comptez sur notre zèle, et croyez bien que nous aurons toutes sortes de bons soins pour votre enfant.

Si le mal augmentait, nous vous écririons.

Je suis avec respect,

Monsieur et Madame,

Votre servante.

Autre, pour annoncer que le mal empire.

MADAME,

Le cœur rempli d'inquiétude, je vous écris pour vous dire que l'état de votre petit garçon est empiré, et que le médecin, qui est venu le voir plusieurs fois, le trouve bien malade, quoiqu'il espère le sauver.

Je suis vraiment désolée d'avoir à vous annoncer une nouvelle si triste.

Madame, si vous le pouvez, venez auprès de nous, vous verrez que nous ne négligeons rien pour rendre à la santé votre petit enfant.

J'ai l'honneur d'être...

Autre pour annoncer que l'enfant est hors de danger.

MONSIEUR ET MADAME,

Nous sommes dans une joie bien grande : votre petit enfant va beaucoup mieux, il est tout à fait sauvé. Le médecin nous assure que désormais nous pouvons être sans inquiétude. Nous vous donnons tout de suite cette bonne nouvelle, persuadés qu'elle vous fera autant de plaisir qu'à nous.

Nous vous saluons et sommes avec reconnaissance

Vos humbles et obéissants serviteurs.

Autre pour annoncer le décès de l'enfant.

MADAME,

Nous vous écrivons cette lettre, plongés dans la plus grande tristesse et accablés de douleur. Notre sollicitude et nos soins n'ont pu sauver votre cher enfant, votre beau petit ange : nous l'avons perdu ce matin à neuf heures. Le médecin qui l'a soigné, toutes les personnes qui ont été témoins de notre chagrin, attesteront que nous avons fait tout ce qui était en notre pouvoir pour le conserver à la vie.

Nous l'aimions trop et nous avions trop d'intérêt à le garder, pour que nous n'ayons pas cherché, par tous les moyens, à éviter ce malheur.

Madame, nous attendrons vos ordres pour vous renvoyer la layette et tous les petits effets.

Vos très-humbles et obéissants serviteurs.

Lettre d'une nourrice pour réclamer ses mois échus.

MONSIEUR (OU MADAME),

Depuis trois mois, je n'ai rien reçu de ce que vous me devez pour votre petit. Je voudrais être assez riche pour attendre encore. Malheureusement, je ne le suis pas. Nous sommes dans le plus grand besoin. Quand on prend un nourrisson, c'est que la somme que l'on gagne est bien nécessaire.

Monsieur, je vous en prie, ne laissez pas finir le mois sans m'envoyer ce qui m'est dû. Je mérite d'autant mieux que vous soyez exact, que j'ai le plus grand soin de votre enfant.

Votre humble servante.

Autre, plus pressante, sur le même sujet.

MONSIEUR ET MADAME,

Nous avons reçu votre lettre. Vous ne nous envoyez point d'argent : vous devez comprendre cependant très-bien que nous ne pouvons pas nous contenter de vos promesses.

Votre enfant nous coûte ; il nous occasionne des dépenses qui ne doivent pas rester à notre charge. Si vous voulez continuer ainsi à ne nous point payer, nous aimons mieux vous le rendre. Il n'aura pas du moins à souffrir de la fâcheuse position dans laquelle vous nous mettez.

Nous avons l'honneur d'être vos serviteurs.

Lettre d'une nourrice qui ne peut continuer à allaiter un enfant.

MONSIEUR (ou MADAME),

Votre enfant se porte très-bien et est toujours très-fort, cependant je me crois obligée de vous prévenir que je ne puis continuer à l'allaiter. Devenue enceinte, il faut que je le sèvre. Si vous voulez me le laisser, je le nourrirai avec de bon lait, je lui ferai de petites panades, j'en aurai grand soin; je suis convaincue qu'il se portera tout aussi bien qu'auparavant; si, au contraire, votre intention est que je vous le rende, écrivez-moi, et je partirai pour vous le mener. Je vous écris afin que vous ne me fassiez pas de reproches, et je suis avec respect

Votre humble servante.

Lettre à une nourrice pour s'informer de l'enfant.

MADAME,

Il me semble qu'il y a bien longtemps que vous ne m'avez écrit. Je suis inquiète. Dites-moi donc comment va mon Émile. Ses petits traits se forment-ils? devient-il beau.

Vous savez que ma volonté, si vous le faites manger, est qu'il mange excessivement peu. Je veux principalement, et avant tout, que vous le nourrissiez de votre lait.

Écrivez-moi s'il est gai, s'il dort bien, et dites-moi en même temps si vous avez besoin de quelques effets, je vous les enverrai avec votre mois par le messager.

Je vous salue.

Lettre à une nourrice pour qu'elle ramène l'enfant.

MADAME,

Mon intention étant de reprendre mon enfant dans le courant du mois prochain, je vous prie de lui donner un peu plus à manger et de commencer à le sevrer. Il est assez fort et assez grand pour se passer maintenant du sein.

Je vous écrirai quand vous devrez vous mettre en route, et j'irai vous recevoir à votre arrivée.

Je vous salue cordialement.

CHAPITRE IX

Lettres diverses : lettres de Conseil, lettres de Soldats, de Marins, pour Permissions, Congés, lettres pour Prêts et Demandes d'argent, lettres pour intérêts Litigieux, de Commerce, d'Héritages, de Demandes de places, de Renseignements, d'Actes, etc., etc.

Lettre d'une femme à son mari absent.

MON CHER AMI,

Voilà près de deux mois que tu es parti ; je t'ai écrit deux fois, et tu ne me réponds pas. Pourquoi me laisser ainsi inquiète ? Tu sais bien que ton silence me cause beaucoup de tourment.

Je m'ennuie toute seule, ne tarde donc plus à revenir près de moi ; il faut que tu abréges ton voyage. Malgré la plus grande économie, j'ai dépensé tout l'argent que tu m'as l'aissé. Si ton absence se prolongeait, véritablement je manquerais, ou je serais obligée d'emprunter. Cela me contrarierait fort ; j'aime mieux que tu reviennes auprès de celle qui t'aime, qui souffre de ton éloignement, et qui est pour la vie

Ton affectionnée et tendre femme.

Réponse à la précédente.

MA BONNE PETITE FEMME,

Je suis bien heureux de la lettre que tu m'as écrite, et les témoignages d'affection que tu me donnes. Si je ne t'ai pas répondu chaque fois que tu m'as donné de tes nouvelles, crois bien que ce n'est ni par oubli, ni par indifférence ; chaque jour j'espérais partir, et chaque jour de nouvelles difficultés, de nouveaux retards, me forçaient de prolonger ici mon séjour.

Les affaires qui me retenaient sont à peu près terminées, compte donc bien certainement sur moi pour la fin de la semaine prochaine. Crois bien surtout que mon affection est pour toi extrême, que rien ne pourrait chasser ton image de mon cœur et de mon souvenir.

Adieu, mon amie, porte-toi bien, pense toujours à moi, et reçois les embrassements de ton tendre et dévoué mari.

Lettre d'un père à son fils pour lui donner des conseils.

MON CHER FILS,

Depuis ton départ, j'ai reçu de toi plusieurs lettres ; mais aucune ne m'a chagriné comme la dernière que tu m'as écrite. Te voilà bien éloigné de suivre les conseils que je t'ai donnés et de tenir les promesses que tu m'as faites.

Ce sont sans doute les amis que tu fréquentes qui changent ainsi ta conduite. Crois-tu donc qu'elle est maintenant meilleure qu'elle ne l'a été jusqu'à ce jour?

Tu étais jadis tranquille, laborieux, et te voilà dissipateur, fainéant. Tu désertes l'atelier, et c'est à peine si tu gagnes misérablement ta vie. Tu voudrais sans doute que nous nous ruinions pour fournir à tes amusements. Mon ami, cela ne sera pas. Je ne consentirai jamais à ce que l'argent que j'ai gagné à la sueur de mon front soit employé à nourrir le vice.

Crois-moi, ne dédaigne pas comme inutiles les vertus de ton enfance, redeviens ce que tu étais. Certainement je ne refuserai point de me montrer bon père, et de faire pour toi ce qui te sera agréable, mais il faut pour cela que tu redeviennes reconnaissant et soumis. Change, et tu n'auras pas de peine à obtenir ma tendresse : elle te sera acquise, et je serai, comme j'ai toujours été,

Tout à toi.

Lettre d'une mère à sa fille pour lui donner des conseils.

MA CHÈRE FILLE,

J'ai reçu ta lettre. Ta bonne amitié pour moi est toujours la même, je t'en remercie; mais n'oublie pas, dans la nouvelle position où tu te trouves, les conseils que je t'ai donnés; rappelle-les souvent à ton esprit.

Tu n'es plus là auprès de moi, et je ne puis plus te dire à chaque heure du jour ce que mon cœur éprouve; je ne puis plus veiller sur toi.

Les gens de la maison où tu es entrée sont honnêtes, je le sais; mais ni eux ni personne ne te garderaient, si toi-même ne te gardais pas.

Tu auras probablement l'occasion de voir des jeunes gens à la mode, qui auront une belle toilette et qui te diront que tu es jolie, que tu es belle : n'écoute point leurs fausses adulations; s'ils vantent ta beauté, c'est pour te perdre : leur amitié ne te procurerait que mépris et chagrins.

Les pauvres filles que leur richesse pare tombent bientôt abandonnées dans l'opprobre et la misère; la vertu seule a des charmes durables, trouve son bonheur en elle-même et surmonte l'adversité.

Travaille, ma fille, pense à ta mère, pense à Dieu. Si tu es habile, laborieuse, sage, quoique tu sois pauvre, tu seras honorée, estimée, et l'avenir, crois-le bien, sera pour toi heureux.

Ta mère.

Lettre d'un soldat ou d'un marin à ses parents, pour leur annoncer son arrivée au régiment ou au port.

MES CHERS PARENTS,

Me voici enrégimenté, habillé et définitivement soldat. Je suis arrivé ici, il y a huit jours, passablement fatigué; mais il est difficile de faire soixante et quelques lieues sans l'être. Pour me délasser, je vais commencer à apprendre l'exercice.

Je suis dans une très-bonne compagnie; je me porte bien, et ce que je connais de l'état militaire me fait supposer que je me plairai au régiment.

Mes compliments à la famille et aux amis.

Votre fils.

Autre d'un soldat malade à l'hôpital. — Demande d'argent.

MES CHERS PARENTS,

Je suis tombé malade la semaine dernière, et l'on m'a porté à l'hôpital, où je suis présentement. Ma maladie vient d'un refroidissement, d'une sueur rentrée. J'ai beaucoup souffert; mais le médecin me déclare aujourd'hui hors de dangers. Je me sers de mes premières forces pour vous donner de mes nouvelles.

Mes chers parents, si vous pouviez m'envoyer un peu d'argent, je me soignerais mieux, et je vous aurais une véritable reconnaissance.

Je suis, dans l'espérance que vous satisferez à ma demande,

Votre dévoué fils.

Réponse à la précédente.

MON CHER FILS,

Ta lettre qui nous a annoncé que tu étais tombé malade nous a fait bien de la peine.

Puisque te voilà à peu près guéri, si tu le peux, ne te fatigue plus dorénavant d'une manière qui pourrait t'être nuisible. Prends des précautions.

Quand la maladie arrive, tous les excès que nous avons faits ajoutent à sa gravité. Suis donc les conseils que nous t'avons toujours donnés, et évite maintenant toute rechute.

Nous t'envoyons dix francs en un mandat sur la poste. Fais-en usage pour te procurer quelques petites douceurs durant ta convalescence. Ménage-les, nous ne pourrions pas t'en envoyer d'autres avant quelque temps.

Ton père et ta mère.

Lettre d'un soldat à ses parents pour leur annoncer son entrée en campagne.

MES CHERS PARENTS,

Depuis que je vous ai écrit, il y a bien du nouveau. La guerre est déclarée, et nous allons entrer en campagne. Notre régiment est désigné pour partir. Le 5 du mois prochain, nous nous mettons en route. Si vous pouvez m'envoyer un peu d'argent, vous me ferez bien plaisir. Quand on voyage, on peut toujours en avoir besoin.

Répondez-moi le plus tôt possible, et croyez-moi toujours, au loin comme je l'ai été auprès,

Votre humble et obéissant fils.

Lettre d'un soldat à ses parents, pour leur annoncer sa promotion à un grade. Autre demande d'argent.

MES CHERS PARENTS,

J'ai le plaisir de vous annoncer que je viens d'être nommé caporal.

Porté sur le tableau d'avancement, je m'attendais à recevoir ce grade ; ce qui ne m'empêche pas d'être fier et heureux de l'avoir obtenu. Je ne ferai plus de faction, Dieu merci.

Si je pouvais, dans un an, passer sous-officier, et avoir des galons d'or au lieu de galons de laine, ce serait plus beau. Afin que cela soit, faites des vœux et félicitez-moi. Et si vous trouvez que je mérite récompense, envoyez-moi un peu d'argent, afin que je paye la bienvenue à mes nouveaux camarades les caporaux.

Votre affectionné fils.

Lettre d'un soldat ou d'un marin à ses parents pour leur annoncer son retour en France, après une campagne.

MES CHERS PARENTS,

Après une absence de trois années, me voici enfin de retour en France ; le régiment est en garnison à..., d'où je vous écris.

Mon cher père et ma chère mère, c'est avec une bien grande joie que je revois mon pays, et ce sera avec une bien plus grande joie, j'espère, que je vous reverrai bientôt.

On donnera des congés au mois d'octobre, j'aurai le mien. Quel bonheur alors de me rendre auprès de vous ! Je ne vous ai pas vus depuis six années ; ce temps m'a paru bien long ; mais enfin bientôt je vous embrasserai de tout mon cœur, et votre présence me consolera de toutes les fatigues et de toutes les privations que j'ai endurées.

Je suis, en attendant le plaisir d'être auprès de vous,

Votre fils.

Lettre d'un soldat ou d'un marin à ses parents pour leur annoncer qu'il a obtenu la permission d'aller les voir.

MES CHERS PARENTS,

Ayant un grand désir de vous voir et de vous embrasser, j'ai demandé et obtenu une permission de deux mois. Je vais donc partir demain pour me rendre auprès de vous. Le voyage me semblera bien long; mais comme vous serez au terme, je n'en irai que plus vite et sentirai moins la fatigue.

Au plaisir de vous serrer sur mon cœur.

Votre fils.

Lettre d'un soldat ou d'un marin, pour demander une prolongation de congé.

MON COLONEL,

Vous m'avez autorisé à me rendre dans ma famille, pour voir et soigner mon père, dangereusement malade. Le temps de ma permission doit bientôt expirer; je m'attendais à partir, mais je viens d'avoir le malheur de perdre celui pour lequel j'ai quitté momentanément le service, et ma présence est plus que jamais nécessaire ici pour les arrangements de la famille.

Soyez donc assez bon, mon Colonel, pour me permettre de solliciter de votre bienveillance une prolongation de congé de six semaines.

Les circonstances fâcheuses dans lesquelles je me trouve m'excusent de cette importunité, et me font espérer que vous daignerez m'accorder ce nouveau bienfait.

J'ai l'honneur d'être avec respect et soumission.

Mon Colonel,

Votre humble et obéissant soldat.

Lettre d'un soldat ou d'un marin à ses parents, pour leur annoncer qu'il a obtenu son congé définitif.

MON CHER PÈRE ET MA CHÈRE MÈRE,

On va délivrer des congés à ma classe dans deux mois ; mon temps de service est fini et je vais recevoir le mien. Vous pouvez donc compter sur mon arrivée à cette époque.

Il n'est pas nécessaire, mes chers parents, que je vous dise ici quel plaisir j'éprouverai à vous revoir et à vous serrer dans mes bras. Vous savez que depuis six ans je n'ai pas cessé un instant de penser à vous et de vous aimer. C'est donc avec une joie extrême que je vois arriver le jour qui doit, après une si longue séparation, me réunir à vous.

Au plaisir de vous embrasser.

Votre fils.

Lettre pour obtenir des renseignements sur un militaire.

Au colonel du 48e de ligne.

COLONEL,

Mon fils, Jacques Percevault, soldat dans votre régiment depuis deux années, ne nous a pas donné signe de vie. Nous lui avons écrit plusieurs fois, et toutes nos lettres sont restées sans réponse. Je commence à être inquiet, je crains qu'il ne soit arrivé quelque malheur à mon enfant. Mon Colonel, excusez ma sollicitude paternelle, et daignez être assez bienveillant, soit pour le rappeler à ses devoirs en le forçant de nous écrire, soit pour nous donner vous-même de ses nouvelles.

Vous rendrez reconnaissant

Votre...

Lettre pour demander l'acte de décès d'un militaire.

Au colonel du 32ᵉ de ligne.

COLONEL,

Mon fils, François Vernadé, soldat dans votre régiment, a eu l'honneur de faire sous vos ordres la campagne de... Ses camarades nous ont écrit qu'il était mort à la bataille de.. Mon Colonel, je vous serais obligé si vous vouliez bien m'envoyer son acte de décès.

Votre humble et obéissant serviteur.

Mon adresse est...

Même sujet. Autre.

Au Directeur de l'hôpital militaire de....

MONSIEUR LE DIRECTEUR,

Le nommé Pierre Chevalier, soldat au...... régiment...... entré à l'hôpital vers le commencement du mois de mai, y est mort quelques jours après... Auriez-vous la bonté, Monsieur le Directeur, de nous envoyer son acte de décès. Nous vous serons reconnaissants.

Votre humble...

Lettre d'un fils à ses parents, pour leur demander de l'argent.

MES CHERS PARENTS,

J'espérais pouvoir me passer de votre secours et gagner cette année largement ma vie ; mais j'ai manqué d'ouvrage, et malgré l'économie que j'ai mise dans mes dépenses, quoique je ne me sois donné absolument que le nécessaire, je me vois forcé de vous prier de vouloir bien m'avancer quelque argent.

Je vous le rendrai aussitôt que les travaux reprendront, et je vous aurai de la reconnaissance. J'espère ainsi, mon cher père et ma chère mère, que vous m'aiderez à pouvoir attendre des jours meilleurs, que vous m'enverrez la somme que vous jugerez convenable avec plaisir, certains qu'avec moi vous ne perdrez rien.

Votre tendre fils.

Lettre de demande de prêt d'argent d'un ouvrier marié à ses parents.

MES CHERS PARENTS,

Je suis vraiment bien à plaindre et bien malheureux. Depuis près d'un mois l'atelier chôme, je suis sans ouvrage, et, pour comble de malheur, ma femme vient de tomber malade. Il est difficile, avec trois enfants à nourrir, à habiller, à loger, de faire des économies; aussi, quand le travail me manque, sommes-nous dans la gêne, la douleur, et nous est-il impossible d'acheter même les choses les plus nécessaires.

Mon cher père et ma chère mère, vous comprendrez que nos réflexions doivent être bien tristes dans une situation si déplorable.

Je vous en prie, ne me laissez pas tomber dans le désespoir; que votre bonté vienne à mon secours, et soyez persuadés que je ferai tout ce qui dépendra de moi pour vous rendre la petite somme que vous voudrez bien me prêter.

Je compte sur la sensibilité de votre cœur et sur la tendresse que vous avez toujours eue pour

Votre tendre et dévoué fils.

Lettre de demande d'un prêt d'argent.

MON CHER MONSIEUR,

Vous me témoignez tant d'affection, tant de bienveillance; vous êtes si généreux et si bon, que je m'adresse à vous, vous priant de me rendre un service. J'ai besoin de la somme de..... Pourriez-vous me la prêter?

Je ne vous fais cette demande que parce que vous m'avez encouragé cent fois par vos offres et votre amitié.

Soyez donc assez bon pour me satisfaire, et comptez sur mon exactitude à vous rembourser dans le courant même de ce mois.

Recevez d'avance mes remercîments.

Votre dévoué.

Lettre de demande d'un prêt d'argent à intérêt.

MONSIEUR,

Gêné dans ce moment et ayant compté sur des rentrées qui ne sont pas venues, je désire me mettre à l'aise et emprunter la somme de....

Vous savez que j'offre toute garantie, que je remplis avec exactitude mes engagements; pourriez-vous me prêter cette somme, dont je vous paierai les intérêts comme vous l'entendrez, et que je vous rembourserai au temps même fixé par vous?

Écrivez-moi un petit mot, afin que je sache si vous consentez à me rendre ce service, et recevez d'avance les témoignages de la reconnaissance

De votre très-humble.

Réponse favorable aux deux lettres précédentes.

MON CHER MONSIEUR,

C'est avec plaisir que je vous prêterai la somme que vous me demandez. Je la tiens à votre disposition. Venez donc me voir et comptez que vous me serez agréable toutes les fois que vous me procurerez l'occasion de vous être utile en quoi que ce soit.

Tout à vous.

Réponse défavorable.

MON CHER AMI,

Je regrette beaucoup que ma position pécuniaire ne me permette pas de vous rendre le petit service que vous me demandez. J'en éprouve un vrai chagrin.

Croyez bien qu'en toute autre circonstance je me ferai un plaisir de vous contenter.

Tout à vous.

Lettre pour demander à un ami de l'argent qu'on lui a prêté.

MON CHER AMI,

Je regrette beaucoup d'avoir à t'écrire aujourd'hui pour te demander l'argent que je t'ai prêté; crois bien que la nécessité seule m'y oblige.

Mon cher ami, tant que j'ai pu m'en passer,

je ne t'en ai jamais écrit un mot; mais, gêné dans ce moment, je ne puis plus attendre. Je pense bien que tu n'interpréteras pas mal ma demande. Elle ne doit pas troubler l'amitié franche et cordiale qui a toujours existé entre nous. Tu me rembourseras avec plaisir comme je t'ai prêté.

Ton ami.

Lettre à quelqu'un qui ne remplit pas ses engagements pécuniaires.

MONSIEUR,

Je m'attendais à toucher les cinq cents francs que vous me devez à l'époque convenue et fixée même par vous. C'est donc avec étonnement que je n'ai reçu de votre part ni nouvelle ni paiement. Je vous avoue que vous me mettez dans un embarras extrême. Je comptais spécialement sur cette rentrée. Je vous en prie, Monsieur, ne me laissez pas dans la nécessité de vous être désagréable. Envoyez-moi ces cinq cents francs; sans cela, forcé par mes besoins et mes affaires, je ne pourrais éviter d'employer les moyens nécessaires pour arriver à leur recouvrement.

J'ai l'honneur d'être,
Monsieur,
Votre....

Lettre à un client qui a laissé retourner un billet, une traite, un mandat.

MONSIEUR,

Je ne puis m'empêcher de vous témoigner ma surprise au retour du billet de F... que vous avez souscrit à mon ordre à l'échéance du.... Quel que soit le motif de votre refus, vous auriez dû me prévenir afin de ne point m'exposer à me trouver dans l'embarras.

J'attends votre réponse pour savoir quelle nouvelle époque vous prenez.

J'ai l'honneur, etc.

Lettre de demande de remboursement d'un prêt d'argent.

MON CHER MONSIEUR,

La somme que je vous ai prêtée m'est tout à fait nécessaire. Il m'est impossible d'en reporter à une autre époque le remboursement. En ne me la rendant pas, vous me gêneriez, et pour vous avoir obligé, je me trouverais moi-même dans l'embarras. Votre intention n'est sans doute pas qu'il en soit ainsi.

Je compte sur vous,

et j'ai l'honneur d'être...

Lettre pour obtenir un délai de paiement.

MONSIEUR,

Je vous demande pardon de vous écrire cette

lettre; je voudrais n'avoir point à le faire et être en mesure de vous payer ce que je vous dois au terme fixé entre nous. Je comptais sur des rentrées qui n'ont point eu lieu, de sorte qu'aujourd'hui je me vois contraint de vous prier de m'accorder un délai.

Cela vous ennuiera sans doute, Monsieur, mais croyez bien qu'il n'y a pas de ma faute et que je serais heureux si je pouvais m'acquitter. Ne me faites donc pas de frais, je vous en prie. La nouvelle epoque que vous fixerez ne sera pas dépassée, je n'aurai point à vous demander de nouveau ce service. Très-certainement vous pouvez y compter, je vous paierai.

J'ai l'honneur d'être,

Monsieur,

Votre....

Lettre pour s'excuser de ne pouvoir rendre l'argent qu'on a emprunté.

MONSIEUR,

Vous m'avez écrit, et dans votre lettre vous me demandez l'argent que vous m'avez prêté. Il y a longtemps que je vous le dois, j'aurais dû vous le rendre, cela est vrai, Monsieur; mais croyez bien que, si j'ai tardé si longtemps, que si aujourd'hui encore, je me vois dans l'impossibilité de vous satisfaire, il n'y a pas de ma faute.

Malgré les peines que je me donne, malgré

mon économie, je ne puis venir à bout de mettre de côté même quelques francs. L'année est rude, je gagne à peine assez pour subvenir aux besoins de ma famille ; je vous prie donc, Monsieur, de vouloir bien encore un peu attendre. Vous ferez une bonne action, et je vous serai reconnaissant.

Votre..

Lettre de refus de délai.

MONSIEUR,

J'ai reçu votre lettre ; je suis désolé à mon tour de ne pouvoir vous être agréable et me rendre à vos désirs. J'ai à faire des paiements considérables, et ces paiements me forcent de rassembler toutes mes ressources. L'époque à laquelle vous devez me payer a été fixée par vous-même ; je désire être payé, ainsi veuillez vous tenir prêt.

J'ai l'honneur d'être...

Autre lettre de refus.

MONSIEUR,

Il m'est tout à fait impossible de vous accorder aucun délai. Je vous ai donné le temps qui devait vous être nécessaire pour améliorer vos affaires et ménager vos ressources. En ne faisant ni épargnes, ni économies, vous n'aurez obtenu qu'un résultat, celui de me forcer à employer à votre égard les voies de rigueur. Je ne laisserai certainement pas de côté les moyens de rentrer dans mes fonds. Je vous préviens donc que si vous ne me payez pas à l'échéance convenue, je me verrai forcé de vous y contraindre.

J'ai l'honneur...

Autre lettre du débiteur en réponse.

MONSIEUR,

Vous m'écrivez que vous êtes disposé à employer à mon égard les moyens de rigueur ; que, si je ne vous paie pas, vous me poursuivrez. Vous en êtes le maître; cependant je ne puis laisser votre lettre sans réponse. Vous dites que je n'ai fait ni épargnes, ni économies, et vous semblez m'en attribuer la faute. Des économies, Monsieur ! mais sur quoi donc pourrais-je en faire ? C'est à peine si je gagne de quoi nourrir ma femme et mes enfants. Il me faut les peines les plus grandes pour en venir à bout.

Nous ne vivons que de privations, et bien des choses nécessaires nous manquent. Croyez-moi, Monsieur, ne m'accusez pas de l'impossibilité où je suis de ne pouvoir vous payer, pas plus que je ne vous accuse de la nécessité où vous êtes de me réclamer ce que je vous dois.

Si vous voulez attendre, Monsieur, je ferai tout ce qui sera en mon pouvoir pour vous satisfaire. Si vous ne voulez pas, vous ajouterez à nos tourments et à nos peines, vous empirerez notre position pénible ; mais ni votre conscience, ni votre cœur ne vous diront que vous avez bien fait.

J'ai l'honneur d'être...

Demande d'un rendez-vous pour affaire.

MONSIEUR,

Ayant à vous entretenir d'une affaire importante qui vous concerne, je vous serais obligé de m'écrire à quelle heure je puis me présenter chez vous. Si vous préfériez prendre la peine de passer chez moi lundi prochain, vers six heures du soir, je suis tout à votre disposition.

Agréez l'assurance de ma parfaite considération.

Lettre à un avocat pour le charger d'une affaire, d'un procès.

MONSIEUR,

Ayant un procès dans votre ville, j'ai l'honneur de vous prier de vouloir bien vous charger de ma cause. Voici l'affaire... (Expliquer ici l'objet du différend.)

Convaincu que vous voudrez bien vous charger de mes intérêts et de ma défense, je vous envoie les pièces à l'appui. Quand l'affaire sera terminée, j'aurai l'honneur de vous payer vos honoraires tels que vous me les indiquerez.

Recevez mes salutations empressées.

Votre...

Lettre à un avoué, à un homme de loi.

MONSIEUR,

Engagé dans un procès avec le nommé... j'ai l'honneur de vous prier de vouloir bien être mon avoué. Je vous enverrai toutes les pièces et les renseignements que vous désirerez, aussitôt que vous m'aurez répondu.

N'étant pas connu de vous, je vous enverrai, si vous le désirez, la somme que vous m'indiquerez, à valoir sur vos honoraires.

Recevez, Monsieur...

Lettre à un huissier pour le charger d'une affaire.

MONSIEUR,

Le sieur Michel, de votre ville, me doit.... francs, montant d'un billet qu'il n'a pas acquitté à l'échéance du 31 décembre dernier. Ce billet ayant été protesté, je vous l'envoie ci-inclus, avec un pouvoir afin que vous puissiez exercer les poursuites nécessaires au recouvrement de la susdite somme et des frais de protêt, en tout.... francs.

Je vous prie, Monsieur, de vouloir bien vous

charger de cette affaire, et au besoin consentir à recevoir par à-compte, si le sieur Michel ne pouvait payer le tout d'une seule fois. Il est bien entendu que les frais de poursuite seront à sa charge.

Dans le cas cependant où ce débiteur serait tout à fait insolvable, veuillez au préalable m'écrire, afin d'éviter des frais qui retomberaient sur moi.

Accusez-moi réception de cette lettre et des pièces qu'elle contient.

Agréez,
Monsieur,
mes salutations empressées.

Lettre de demande de marchandises.

MONSIEUR,

Je vous prie de vouloir bien m'envoyer par le roulage accéléré ou ordinaire (par la diligence, le chemin de fer, ou tel messager) les marchandises ci-après désignées; veuillez faire en sorte qu'elles soient d'un bon choix et à ma convenance. Le paiement au terme d'usage N'ayant pas l'honneur d'être connu de vous, MM. L..., de votre ville, avec lesquels je suis en relation, pourront vous donner sur mon compte les renseignements désirables.

J'ai l'honneur d'être, Monsieur,
Votre dévoué serviteur.

Autre.

MONSIEUR,

Je vous prie de m'expédier le plus tôt possible, par la voie la moins coûteuse, les articles ci-après.

(Détailler les marchandises.)

Désirant payer comptant cette demande, veuillez déduire l'escompte de la facture et disposer sur moi à l'échéance qui vous conviendra, en m'en donnant avis toutefois.

Agréez...

Lettre d'un fabricant, au sujet des articles de sa fabrication.

MONSIEUR,

J'ai l'honneur de vous donner avis que, fabricant de...., je viens de m'établir à Paris, rue....

Les articles que je confectionne, d'une qualité incontestablement supérieure à ceux du même genre, sont cependant livrés par moi à des conditions plus avantageuses qu'aucun de mes confrères. Je ne crains pas la concurrence, ainsi que vous pouvez vous en convaincre en parcourant mon catalogue ci-joint.

Si donc, Monsieur, vous voulez bien m'accorder votre confiance et m'honorer de vos ordres, je me ferai un devoir d'y satisfaire avec une exactitude scrupuleuse.

Agréez...

Lettre d'avis ou circulaire, pour annoncer le passage d'un commis-voyageur.

MONSIEUR,

Nous avons l'honneur de vous donner avis que notre voyageur, étant en tournée en ce moment, aura l'avantage de vous voir sous quelques jours.

Nous vous prions de vouloir bien lui réserver vos ordres, auxquels nous nous empresserons de nous conformer.

Nous avons l'honneur d'être avec considération,

Monsieur,

Vos très...

Lettre d'avis d'un envoi.

MONSIEUR,

Nous vous expédions aujourd'hui par (indiquer la voie d'expédition) les articles que vous nous demandez par votre lettre du 15 courant.

Vous avez d'autre part notre facture s'élevant à 325 francs 50 centimes, dont nous disposons sur vous en notre traite à l'échéance du 30 septembre prochain.

Agréez, Monsieur, nos salutations empressées.

Autre lettre d'avis.

MONSIEUR,

J'ai l'honneur de vous donner avis que j'ai remis à la diligence, pour partir le... une caisse à votre adresse. Cette caisse contient les articles demandés par votre lettre du... et dont facture est ci-jointe; veuillez me créditer de... francs.

Je suis persuadé que ces articles seront conformes à votre désir et que vous les recevrez avec une entière satisfaction. J'ai du moins fait tout mon possible pour qu'il en soit ainsi.

Agréez, etc.

Lettre pour prendre des informations sur une maison de commerce.

MONSIEUR,

Sur le point de vendre une assez forte quantité de mes articles à la maison... et de m'engager ainsi d'intérêt avec elle, j'ai l'honneur de m'adresser à vous, afin de vous prier de me donner votre avis sur sa solvabilité. Je la connais peu, et pour lui accorder ou lui refuser ma confiance, j'ai véritablement besoin de vos renseignements. Il est inutile de vous assurer, Monsieur, que cette maison ne sera jamais instruite de votre réponse. J'en ai besoin pour mon propre compte, et en pareille occasion, aucun négociant ne refuse à son confrère de lui rendre ce service, ni de le prévenir des dangers qu'il pourrait courir; c'est une garantie mutuelle.

Recevez donc d'avance, Monsieur, l'assurance de mon estime et mes remercîments.

Votre...

Réponse à une demande de renseignements

MONSIEUR,

En réponse à la lettre que vous m'avez fait l'honneur de m'écrire, et par laquelle vous me demandez des renseignements sur la solvabilité de la maison..., je vous avouerai franchement qu'elle me doit la somme de..., que son billet a été protesté et que je ne sais même pas si jamais je serai payé.

Il est possible qu'en s'adressant à vous elle ait l'intention de remplir les engagements qu'elle prendra, c'est à vous à en être juge, je ne vous fais connaître que ma position particulière à son égard.

Il est inutile de vous recommander de taire le nom de la personne auprès de laquelle vous vous serez renseigné. Je réponds à votre lettre, pour vous rendre service, mais en espérant qu'il n'en résultera aucun désagrément pour moi.

Votre...

Refus d'expédier à un correspondant douteux.

MONSIEUR,

J'ai reçu votre lettre du 21 courant, à laquelle je regrette beaucoup de ne pouvoir satisfaire; l'état des affaires, qui est peu rassurant, m'engage à restreindre les miennes, du moins quant à présent. Je ne puis donc, ainsi que vous le désirez, vous vendre au terme d'usage.

Si vous consentez à ce que je vous expédie contre remboursement, écrivez-moi, et sitôt vos ordres reçus, je m'empresserai de vous faire l'envoi des articles indiqués dans votre demande.

Je suis avec considération, Monsieur,
Votre dévoué serviteur.

Lettre pour accuser réception.

MONSIEUR,

J'ai bien reçu la lettre que vous m'avez adressée à la date du... et la caisse qu'elle m'annonçait. Je suis enchanté des articles que vous avez bien voulu m'expédier; leur prix est avantageux pour la vente.

J'en suis tellement satisfait que je puis, dès ce jour, vous promettre que je ne prendrai désormais ces sortes d'articles que chez vous. Ils seront, j'en suis persuadé, de la même qualité.

De votre côté, soyez assuré, Monsieur, que

bon accueil sera fait à votre traite lorsqu'elle me sera présentée.

Recevez mes sincères salutations.

Votre...

Accusé de réception d'un envoi dont on n'est pas satisfait.

MONSIEUR,

Votre envoi du 25 février dernier vient de me parvenir. En vérifiant les articles, je me suis perçu que plusieurs n'étaient pas dans un état onvenable.

(Détailler ici les articles avariés.)

Je n'accepterai ledit envoi qu'autant que vous consentirez à me faire une remise de... Si vous vous y refusez, je me verrai forcé de vous le laisser pour compte et de vous réclamer même le port que j'ai payé.

J'ai l'honneur d'être...

Envoi de règlement.

MONSIEUR,

Je vous envoie inclus mon billet de fr. 175, à l'échéance du 30 juin prochain, et pour solde de votre facture du 31 décembre dernier; veuillez m'en créditer.

Agréez, je vous prie, mes salutations.

Autre.

MONSIEUR,

J'ai reçu votre envoi du 15 courant, dont la facture s'élève à 200 fr. 50 cent., déduction faite de l'escompte de 5 pour 100.

Pour vous couvrir de cette somme, je vous adresse, sous ce pli, un mandat sur MM. Lambert et compagnie, de votre ville, à l'échéance du 20 mars prochain; veuillez m'en créditer pour solde.

J'ai l'honneur de vous saluer sincèrement.

Réclamation de paiement.

MONSIEUR,

Vous me devez plusieurs factures s'élevant à la somme de 250 francs, pour solde desquelles vous m'aviez promis de m'envoyer votre règlement; ne l'ayant pas reçu, je viens vous le réclamer, vous priant de me l'adresser le plus tôt possible. Dans le cas où vous ne le feriez pas, je me verrais forcé de faire traite sur vous à une échéance très-prochaine.

J'ai l'honneur de vous saluer.

Lettre de demande d'un délai.

MONSIEUR,

J'ai à vous payer à la fin du mois courant la somme de 170 francs; mais, les rentrées ne se faisant que difficilement, et la vente étant à peu près nulle, je vois dès à présent qu'il me sera impossible d'acquitter mon billet.

Je vous prie donc, Monsieur, d accepter en échange un autre billet que je vous envoie, au auquel j'ai ajouté les intérêts pour retard.

Votre, etc.

Lettre au sujet de la faillite d'un débiteur.

MONSIEUR,

Le sieur Thomas, de votre ville, dont je suis le créancier, venant d'être déclaré en faillite, je viens vous prier de vouloir bien me représenter dans cette affaire.

Je vous envoie à cet effet les billets du sieur Thomas, s'élevant ensemble à 470 francs, y compris les frais de protêt, etc., plus un pouvoir en blanc que vous remplirez de votre nom, si vous consentez à vous en charger. Dans le cas contraire, je vous serai obligé de le remettre à quelqu'un avec recommandation de soigner mes intérêts pour le mieux.

S'il y a des honoraires à payer, ils seront pris sur le premier dividende qui sera versé, ou vous pourrez disposer sur moi pour vous en couvrir, à votre convenance.

Comptant sur vos bons soins, j'ai, Monsieur, l'honneur de vous saluer sincèrement.

Lettre de demande à un négociant d'une place de commis.

MONSIEUR,

Employé dans la maison de M..., on m'a dit que vous aviez besoin d'un commis dans la vôtre. Quoique je n'aie aucun sujet de plainte contre mon patron et que je n'aie pas, à vrai dire, de graves raisons pour le quitter, si vous vouliez cependant m'employer chez vous, j'accepterais bien volontiers la place qui est vacante.

Cette préférence fait l'éloge de votre établissement et ne doit pas tourner à mon désavantage; elle ne peut qu'ajouter à votre estime, à votre bienveillance.

Dans l'espoir que votre réponse sera favorable,

J'ai l'honneur d'être, Monsieur, avec une parfaite considération,

Votre...

Lettre pour demander une place de garçon, d'homme de peine.

MONSIEUR,

Je suis sans emploi et j'ai bien besoin de gagner ma vie. Fort et vigoureux, ne reculant pas devant la besogne, je vous serais bien obligé, Monsieur, si vous vouliez me prendre dans votre maison comme homme de peine.

Daignez faire cette bonne action, et je vous

en témoignerai ma reconnaissance par mon zèle, mon activité. Les certificats et attestations que j'ai vous prouveront que vous aurez en moi un garçon plein de fidélité, de dévoûment.

J'ai l'honneur d'être,

Monsieur,

Votre...

Lettre pour demander une place dans une administration.

MONSIEUR,

L'homme ne fait point mal en cherchant à améliorer son sort, en s'efforçant par tous les moyens en son pouvoir de se créer une position honnête; je ne crois donc pas démériter à vos yeux en sollicitant de votre obligeance une place dans l'administration dont vous êtes le chef.

S'il suffit de vous porter un dévoûment sans bornes, s'il ne faut que du zèle, de l'aptitude et de bons certificats pour mériter un emploi près de vous, je l'obtiendrai, et nul ne vous aura une plus grande reconnaissance.

Je vous en prie, Monsieur, j'ai plus que jamais besoin de me caser dans le monde, daignez penser à moi. Je recevrai avec gratitude la place que vous jugerez à ma convenance; et une fois sous vos ordres, heureux et fier de travailler pour vous, je ne cesserai point d'être

Votre très-humble et très-obéissant serviteur.

Lettre de félicitation.

MON CHER AMI,

C'est avec le plus grand plaisir que je reçois la nouvelle de votre admission dans l'emploi que depuis si longtemps vous désirez. Je suis vraiment heureux qu'enfin on vous ait mis en position de montrer votre mérite. Vous pouvez maintenant vous mettre à l'œuvre. Je suis bien certain que vous ne resterez pas où vous en êtes. Le pas le plus difficile est fait.

Recevez donc mes félicitations et croyez bien que j'apprendrai toujours avec bonheur ce qui pourra ajouter à vos joies et à votre prospérité.

Votre très...

Lettre d'un ouvrier pour demander de l'ouvrage.

MONSIEUR,

Depuis quelques jours l'ouvrage manque ici; j'apprends par un ami que vous occupez toujours vos ouvriers et que même vous pourriez en employer quelques autres.

Monsieur, sans emploi pour le moment, m'accepteriez-vous si je me présentais pour travailler sous vos ordres, muni de mon livret et pouvant fournir les meilleurs renseignements?

Soyez assez bon pour m'écrire un mot, afin que je me mette en route si vous consentez à me rendre ce service, c'est-à-dire à me donner de l'occupation.

J'ai l'honneur d'être, Monsieur,
Votre très-humble serviteur.

Lettre accompagnant l'envoi d'une note, d'une facture ou d'un mémoire.

MONSIEUR,

J'ai l'honneur de vous envoyer mon mémoire s'élevant à la somme de trois cent soixante-quinze francs.

Avant de vous le présenter, mon intention était d'attendre ou que vous me le demandiez ou du moins qu'il s'élevât un peu plus haut; mais, gêné par des achats et par des payements, j'ai senti que je ne pourrais me tirer facilement d'affaire qu'en ayant recours à votre obligeance.

Persuadé donc que c'est vous être agréable que de vous procurer le plaisir de me rendre service, je vous prie de vouloir bien l'acquitter.

Comptez sur la reconnaissance et le dévoûment de

Votre très-humble et très-obéissant serviteur.

Lettre d'un ouvrier pour demander à un maître ce qui lui est dû.

MONSIEUR,

Je voudrais pouvoir attendre et ne toucher que quand cela vous serait agréable la petite somme que vous me devez ; mais ma position ne me permet pas d'agir ainsi que je le desirerais, et l'argent me manque absolument. Vous savez bien que l'ouvrier qui travaille a toujours besoin de son salaire; or, voilà près de deux mois que vons m'occupez et que vous ne m'avez exactement rien donné.

Monsieur, à la fin de cette semaine, j'aurai besoin de la moitié de la somme. Veuillez avoir égard à ma position et ne pas laisser passer cette époque sans me payer.

J'ai l'honneur d'être, Monsieur,
Votre humble serviteur.

Lettre à un médecin pour lui demander une consultation.

MONSIEUR,

Malade, et endurant les douleurs les plus aiguës, j'ai recours à vos lumières pour trouver, si cela est possible, la guérison de mes maux. Vous dire les traitements que j'ai jusqu'à présent suivis, les remèdes que j'ai employés, serait inutile, puisque traitements et remèdes n'ont eu aucun résultat avantageux.

Il vaut mieux que je vous détaille tout de suite les caractères et les symptômes de ma maladie, me confiant dans votre savoir pour ce qu'il conviendrait de faire avant d'arriver à une parfaite guérison. Voici mon état et ce que j'endure.

(Donner ici le détail exact de la maladie.)

Je suis persuadé, Monsieur, que mon mal, ainsi expliqué, vous est parfaitement connu. J'ai entendu raconter de vous tant de cures miraculeuses, que j'espère que votre profonde science devinera en moi la cause du mal, ira chercher cette cause, et, la détruisant ou l'améliorant à son gré, me ramènera à un état supportable, si ce n'est tout à fait à la santé.

La souffrance fait trouver le temps long; ne me faites donc pas trop attendre votre bonne réponse, et croyez-moi surtout, Monsieur,

Votre très-humble et très-obéissant serviteur.

Autre lettre à un médecin pour l'appeler auprès d'un malade.

MONSIEUR,

Mon frère est tombé malade hier au retour de ses travaux; une fièvre subite l'a saisi, et il se plaint d'un violent mal à . . . . . Seriez-vous assez bon pour venir le voir et lui apporter vos secours aussitôt la réception de cette lettre?

Nous vous attendons, Monsieur.

Votre très-humble serviteur.

Lettre à un maire, pour demander des renseignements sur un individu de sa commune.

MONSIEUR LE MAIRE,

Ayant besoin de quelques renseignements sur

le nommé Jean-Louis Dubois, né dans votre commune, qu'il a quittée il y a à peu près deux ou trois ans, je vous serais reconnaissant si vous daigniez avoir la complaisance de me les donner. Dites-moi, Monsieur, je vous prie, de quelle réputation il jouissait. Passait-il pour un homme honorable, honnête? Aucune circonstance fâcheuse ne l'a-t-elle contraint de quitter le pays?

Je vous serai obligé, Monsieur, si vous daignez me donner les indications que j'ai l'honneur de solliciter de vous, ces indications m'étant nécessaires pour prendre un parti à son sujet.

J'ai l'honneur d'être, Monsieur, avec respect et soumission,

Votre très-humble et très-obéissant serviteur.

Autre lettre.

MONSIEUR LE MAIRE,

Un individu appelé Jacques Durand, dont l'existence importe à ma famille, s'est retiré dans votre commune; seriez-vous assez bon, Monsieur le Maire, pour me dire la conduite qu'il mène? Se livre-t-il à quelque travail pour vivre? Le regarde-t-on comme un homme honnête, laborieux?

Les raisons graves, qui seules m'excitent à vous écrire, me font espérer que vous me pardonnerez mon importunité et que vous daignerez répondre à celui qui a l'honneur d'être, avec estime et considération,

Monsieur le Maire,

Votre humble et obéissant serviteur.

Lettre à un maire, pour lui demander un acte de naissance, de mariage, de décès.

MONSIEUR LE MAIRE,

Je vous prie d'avoir la bonté de faire lever l'acte de naissance (de mariage ou de décès) de Thomas Lambert, né (marié ou décédé) dans votre commune le 19 janvier 1825, et de vouloir bien me l'envoyer.

Je joins à ma lettre un mandat sur la poste, pour les frais de cette expédition.

J'ai l'honneur d'être, avec une profonde considération,

Monsieur le Maire,

Votre obéissant serviteur.

Lettre à un curé pour lui demander un acte de baptême.

MONSIEUR LE CURÉ,

Daignez être assez bon pour m'envoyer l'acte de baptême de Jean-Louis Chauveau, né le 18 avril 1825 dans votre paroisse.

Je joins à ma lettre un petit mandat sur la poste ; si l'expédition de cet acte de baptême ne coûte rien, donnez cette obole à l'un de vos pauvres, et comptez, Monsieur le Curé, sur la reconnaissance

De votre très-humble et très-obéissant serviteur.

Lettre à un avoué, à un avocat, à un homme de loi, pour le charger d'une affaire, d'un procès.

MONSIEUR,

J'ai une affaire litigieuse dans votre ville ; n'étant point sur les lieux et ne pouvant la surveiller ainsi que je le désirerais, je vous écris afin de savoir si vous consentiriez à vous en charger. (Détailler ici exactement toute l'affaire.)

Vous voyez, Monsieur, de quel côté est la bonne foi ; vous voyez si je dois et puis consentir à des prétentions qui blessent évidemment mes intérêts.

Monsieur, si donc vous vous chargez de mon affaire, veuillez me dire quelles sont les pièces que je devrai vous faire passer ; dites-moi en même temps quelle somme vous désirez que je vous envoie pour payer les premiers frais ; et une fois cette affaire en train et poussée vigoureusement par vous, daignez tenir au courant

Votre reconnaissant serviteur.

Lettre à un homme d'affaires.

MONSIEUR,

Je vous envoie ma procuration et les pièces nécessaires à l'affaire au sujet de laquelle je vous ai écrit déjà plusieurs fois. Je vous prie de mettre toute diligence et de me faire rentrer le plus tôt possible dans mes fonds, que vous me ferez passer soit en un mandat sur la poste, soit de toute autre manière, pourvu que je touche promptement et sans trop de frais.

Il est bien entendu que vous prélèverez vos honoraires. Vous aurez la complaisance de m'envoyer une note de la somme à laquelle ils doivent monter.

J'ai l'honneur d'être...

Lettre à un fondé de pouvoirs, pour toucher des fonds.

MONSIEUR,

J'ai l'honneur de vous adresser ma procuration et les pièces nécessaires afin que vous touchiez la somme de... qui m'est due par M... notaire, chez lequel elle est déposée. Sitôt que vous l'aurez reçue, ayez la complaisance de la confier à la personne qui vous remettra cette lettre. Cette personne part pour votre ville ; elle a toute ma confiance, et vous ne devez avoir à son sujet

8.

aucune inquiétude. J'emploie ce moyen par économie et pour éviter les frais de transport.

Quant à vos honoraires, Monsieur, vous les prélèverez, me rapportant à vous et sachant très-bien que le recouvrement de mes fonds vous a occasionné des dépenses dont je dois vous tenir compte.

Ce payement ne m'ôtera ni l'estime, ni la reconnaissance que je vous dois pour la peine que vous avez prise.

Je serais toujours

Votre très-humble et très...

Lettre à un notaire, relativement à une succession.

MONSIEUR,

J'apprends que Louis Barroux, mon parent, est décédé, et que vous êtes chargé de régler sa succession.

Comme son cousin, je demande à établir mes droits à son héritage. Je vous prie donc de prendre note de ma déclaration et de vouloir bien, avant de procéder à aucun partage, attendre que je puisse produire les pièces que je possède à l'appui de mes droits.

J'ai l'honneur d'être, Monsieur, avec la plus parfaite considération,

Votre...

Lettre d'un frère à son frère, d'un parent à son parent, au sujet d'héritage et de partage de succession.

MON CHER FRÈRE,

Ce serait avec un bien grand plaisir que j'aurais partagé à l'amiable la succession de notre père ; mais tu élèves des prétentions et des difficultés que je ne puis admettre. Je ne me soumettrai certainement pas à tes exigences. Je t'ai témoigné une assez bonne volonté, et j'ai fait tous les sacrifices que je pouvais faire pour arriver à la conciliation ; je ne veux pas abandonner mes droits.

C'est avec un bien grand regret que je plaiderais et verrais une partie de ce qui doit nous revenir passer aux mains des avoués et des avocats ; mais, je te le dis, je ne ferai pas de nouvelles concessions.

Je désire vivre en bonne union avec toi. C'est pourquoi, si tu le veux, nous laisserons de côté nos différends ; mais, si tu persistes à refuser de nous entendre, la justice en décidera. Je ne reculerai certainement pas, comme tu le penses, devant les désagréments des hommes d'affaires et de la chicane. Avant tout, je veux la justice et mon droit.

J'attends ta réponse et suis encore avec amitié

Ton frère...

Réponse à la lettre précédente.

MON CHER FRÈRE,

J'ai reçu ta lettre, et tu as bien tort de croire que je désire élever des difficultés et employer les gens de justice et de chicane.

Notre père, en mourant, nous a recommandé l'union et l'amitié. Je respecterai ses volontés sacrées, comme tu le désires. Nous partagerons à l'amiable sa succession.

Pour te prouver que je tiens plus à ton affection qu'à toute autre chose, tu feras toi-même les partages ; et je suis persuadé d'avance que je n'aurai pas à me plaindre.

Si j'ai élevé quelques difficultés, c'est qu'il y a une portion de l'héritage que je désirais obtenir de préférence. Tu la connais ; mais, en te l'avouant franchement, je suis certain que tu m'en feras sans difficulté l'abandon.

Que t'importe ta part, pourvu qu'elle ait la valeur de la mienne ? Ce n'est pas parce qu'elle me convient mieux que tu voudras l'estimer davantage et contrarier un frère qui, loin de chercher à te déplaire, fera tout ce qui dépendra de lui pour te contenter.

Ainsi donc, c'est entendu ; nous ne plaiderons pas, et nous partagerons amicalement.

Ton frère.

CHAPITRE X

LETTRES DE LOCATAIRES, DE FERMIERS, DE CULTIVATEURS.

Lettre d'un locataire à son propriétaire, pour lui demander un délai pour le paiement d'un terme de loyer.

MONSIEUR,

N'étant pas tout à fait en mesure pour vous payer le terme de loyer échu aujourd'hui, je vous serais reconnaissant si vous vouliez bien attendre jusqu'à la fin du présent mois.

L'exactitude avec laquelle je me suis acquitté jusqu'à ce jour me fait espérer que vous ne ferez aucune difficulté de m'accorder ce délai.

J'ai l'honneur d'être, Monsieur,

Votre dévoué serviteur.

Lettre pour demander une prolongation de bail.

MONSIEUR,

Le bail des lieux que j'occupe dans votre maison devant expirer au terme prochain, j'ai l'honneur de vous écrire, afin de savoir si vous consentez à me faire une prolongation.

Je vous ai parlé de réparations et de changements qui nécessiteraient quelques dépenses; je veux bien prendre ces frais à ma charge à condition toutefois que je serais certain d'en profiter.

Dites-moi donc, Monsieur, si vous voulez me faire un nouveau bail aux mêmes clauses et conditions que le premier. Je désire recevoir votre réponse le plus tôt possible, parce que, dans le cas où vous refuseriez la prolongation que je vous demande, je chercherais dès à présent à louer ailleurs.

Je vous salue, Monsieur, et suis avec considération

Votre dévoué serviteur.

Lettre pour demander une résiliation de bail.

MONSIEUR,

Mon bail n'est pas près de finir, cependant des circonstances imprévues et malheureuses ayant changé ma position et me mettant hors d'état de pouvoir désormais remplir mes engagements, j'en demande la résiliation.

Il me serait pénible, Monsieur, d'occuper votre maison et de ne plus vous payer avec exactitude, comme je l'ai fait jusqu'à ce jour; c'est parce que j'ai la conviction que, malgré ma bonne volonté, je ne pourrai en aucune façon vous satisfaire, que je demande la résiliation du bail fait entre nous.

En aquiesçant à ma demande, vous n'avez rien à perdre, parce que vous louerez facilement votre maison à un autre. En agissant, au contraire, contre mon désir, vous courez le risque de tout sacrifier, de fâcheuses affaires me mettant, ainsi que je viens de vous le dire, dans l'impossibilité de remplir mes obligations.

J'ai l'honneur d'être, Monsieur,
Votre humble serviteur.

Lettre pour demander des réparations.

MONSIEUR,

Dans la maison que j'occupe et que vous m'avez louée, il y a plusieurs réparations de première nécessité et qui sont à votre charge; l'eau coule par la toiture percée en plusieurs endroits, les murs ont besoin d'être recrépis. Je vous prie donc, Monsieur, d'ordonner que ces réparations soient faites, vous prévenant que, si vous ne teniez aucun compte de ma demande, je ferais constater les dégradations et les ferais réparer à vos frais.

Votre obéissant serviteur.

Lettre d'un fermier annonçant une bonne récolte.

MONSIEUR,

Je réponds à votre lettre que j'ai reçue et dans laquelle vous me demandez ce que je pense de la prochaine récolte.

Monsieur, les blés sont beaux, magnifiques; l'épi retombe courbé, ce qui annonce qu'il est lourd et bien plein. L'orge et l'avoine sont admirables ; tout fait présager une année abondante en céréales.

Quant aux vignes, elles ont un peu souffert et coulé durant la floraison; mais les raisins, pour avoir les grains moins serrés, n'en semblent pas moins beaux. Il y a donc à présumer que nous aurons également du vin bon et en quantité suffisante.

Je souhaite que ces excellentes nouvelles vous contentent comme elles remplissent de joie

Votre très-humble et très-obéissant fermier.

Lettre annonçant une mauvaise récolte.

MONSIEUR,

J'espérais, il y a un mois, que la récolte ne serait pas mauvaise; mais les pluies, qui n'ont cessé de tomber, ont tellement couché les blés, qu'à cette époque où la moisson est ordinairement faite, c'est à peine s'ils sont mûrs. Avec une humidité aussi continuelle, ils finiront par germer sur terre. Le grain de l'avoine est maigre, chétif; l'orge est dans un état pire encore.

C'est donc évidemment une année mauvaise que j'ai le chagrin de vous annoncer; aussitôt que le temps sera au sec et que j'aurai rentré la moisson, je vous écrirai.

Ma famille vous présente ses civilités.

Votre dévoué et obéissant fermier.

Lettre pour annoncer un incendie, un désastre.

MONSIEUR,

Le cœur plongé dans la douleur, je vous écris pour vous donner connaissance d'un malheur épouvantable qui vient d'arriver à la ferme.

Nous étions hier au soir, rassemblés tranquilles, lorsque nous voyons tout à coup une grande clarté briller par les fenêtres et illuminer tout le ciel. Nous sortons précipitamment; le feu était à la grange.

Malgré nos efforts, malgré les efforts des habitants de la commune venus à notre secours, la flamme a consumé toute la partie gauche du bâtiment ; de sorte que la récolte, qui était sous le hangar, est malheureusement réduite en cendres.

Nous ne savons à quoi attribuer ce sinistre. Peut-être la malveillance n'y est-elle pas étrangère ; mais enfin nous n'avons aucune preuve, aucun indice à ce sujet.

Voyez, Monsieur, s'il ne convient pas dans cette circonstance que vous soyez présent d'ici, afin de faire, auprès de la Compagnie d'assurances, la déclaration et les démarches nécessaires.

Le maire de notre commune a dressé son procès-verbal et a fait une enquête. Nous en ignorons le résultat; mais, à votre arrivée, vous pourrez le reconnaître bien mieux que nous.

J'ai l'honneur d'être, Monsieur,
Votre dévoué serviteur.

Lettre pour annoncer un orage.

MONSIEUR,

Les blés étaient superbes, la vigne était admirable ; la campagne belle promettait une moisson abondante ; la joie et l'espérance étaient dans tous les cœurs ; mais, hélas ! hier un orage affreux est passé sur ce pays, et comme une herse qui ravage la terre, a semé partout la misère et la désolation.

Les blés sont littéralement hachés ; les arbres et les vignes n'élèvent plus en l'air que des branches et des sarments dépouillés de feuilles et de verdure. C'est une dévastation qui navre le cœur.

Je regrette beaucoup, Monsieur, d'avoir à vous annoncer ce désastre qui nous ruine ; il faudrait que vous fussiez présent pour avoir une idée de toute l'étendue de notre malheur.

Votre infortuné fermier.

Lettre de demande d'un délai pour le paiement du fermage.

MONSIEUR,

Vous savez les pertes que j'ai faites, vous connaissez les malheurs qui m'ont frappé cette année; ces malheurs ont été pour moi si grands qu'ils me mettent dans l'impossibilité de vous payer aujourd'hui mon fermage.

Monsieur, vous savez que ce n'est pas le courage qui me manque : je ne crains ni le travail ni la peine. Malgré la récolte mauvaise, si je n'avais pas vu périr successivement mes deux bœufs, je vous paierais, comme à l'ordinaire; mais toutes mes ressources ont été employées à l'achat d'autres bœufs, et je me vois contraint de vous prier de m'accorder un ou deux mois au bout desquels je promets de vous satisfaire. Ne me refusez pas cette faveur; je vous en serai reconnaissant.

Votre très-humble serviteur.

Lettre de demande d'une réduction dans le prix du fermage.

MONSIEUR,

Je voudrais continuer à cultiver vos terres; avec le plus grand plaisir, je resterais dans votre ferme, si, en travaillant continuellement et ne reculant devant aucune peine, je pouvais venir à bout d'y vivre et d'élever ma famille.

Monsieur, le prix de fermage de votre bien est trop élevé, vu ce qu'il rapporte, pour que je puisse continuer à le garder à bail, si vous ne voulez pas consentir à me faire une diminution.

Soyez juste, Monsieur ; les calamités qui ont depuis plusieurs années désolé nos campagnes, ont épuisé nos ressources et nous ont rendus malheureux, sans que vous vous soyez aperçu de notre détresse, de notre malheur. Nous avons toujours été très-exacts à vous payer ; aujourd'hui, que je ne le puis plus, daignez ne pas me refuser une réduction, qui seule peut me mettre à même de remplir, comme à l'ordinaire, mes engagements.

Je suis, en espérant une réponse favorable,

Monsieur,

Votre dévoué et reconnaissant serviteur.

Lettre de demande d'un renouvellement de bail.

MONSIEUR,

Mon bail expire dans deux ans ; or vos terres ayant besoin d'engrais et d'améliorations, je désirerais savoir, avant l'hiver, si vous consentez à me le renouveler aux mêmes clauses et conditions.

Vos vignes et vos prairies produisent aujourd'hui un peu plus que quand je les ai affermées; vos champs donnant aussi, il est vrai, plus de blé; mais cela n'a lieu que parce que je n'épargne ni soins ni argent pour leur entretien et leur rapport.

La prospérité de la ferme est donc ainsi le fait de mon travail, de mon désintéressement; c'est pourquoi j'espère que cette prospérité ne tournera pas à mon désavantage, et que vous daignerez m'accorder une prolongation de bail sans en changer les conditions.

J'ai l'honneur d'être, Monsieur,
Votre dévoué serviteur.

Lettre de demande du fermage d'un bien, d'un domaine.

MONSIEUR,

On me dit que votre intention est d'affermer vos terres et de donner à bail le bien de....

Je vous serai reconnaissant, Monsieur, si, n'ayant encore accepté personne, vous daignez penser à moi. Depuis plusieurs années, je dirige et fais à peu près tous les travaux du domaine de Thuré; le bon rapport des terres et le témoignage des personnes qui me connaissent vous donneront la certitude que vous aurez en moi un bon fermier.

Veuillez agréer ma demande et me
croire d'avance, Monsieur,
Votre dévoué et obéissant serviteur.

Lettre d'un vigneron annonçant que la vigne a été grêlée.

MONSIEUR,

La nuit dernière a été terrible pour la vigne. un orage épouvantable s'est abattu sur notre contrée; une grêle affreuse a tout détruit. Les pampres jonchent la terre ; les grappes pendent coupées après les sarments cassés. Nous n'aurons réellement pas de vendange cette année : le pays est dans la désolation.

Votre serviteur très-humble.

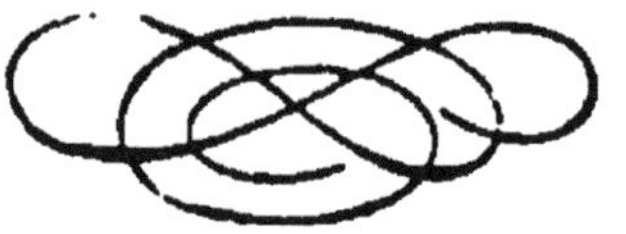

CHAPITRE XI

LETTRES DE RECOMMANDATION, LETTRES D'EXCUSE, D'INVITATION

Lettre de demande de recommandation, de protection.

MONSIEUR,

Je vais à Paris, sans trop savoir si je pourrai réussir dans ce que je me propose d'y entreprendre, sans être certain qu'un emploi viendra, à mon arrivée, me mettre à l'abri de l'inoccupation et du besoin.

Monsieur, vous êtes puissant, et votre bienveillance est telle, que partout se trouvent des personnes qui vous ont des obligations et vous sont devouées. Si vous daigniez avoir la bonté de me donner une lettre de recommandation, je serais sans inquiétude, intimement convaincu que je trouverais bon accueil là où je me présenterais.

L'intérêt que vous avez bien voulu jusqu'à ce jour me témoigner me fait espérer que vous ne refuserez pas de me rendre ce service.

Mon cœur vous en témoigne d'avance sa reconnaissance.

J'ai l'honneur d'être avec respect,
Monsieur,
Votre très-humble et très-obéissant serviteur.

Autre lettre. — Même sujet.

MONSIEUR,

Je désirerais me présenter pour occuper une place chez M. Clairville; mais il ne me connaît pas, et tout autre dont on lui vantera l'intelligence et le mérite peut être préféré.

Cela n'aurait pas lieu, Monsieur, si vous, qui avez quelque bonté pour moi, et qui trouvez bonheur et plaisir à rendre service, daigniez m'accorder votre protection et me recommander.

Écrivez un mot pour moi, Monsieur, et croyez bien que, par ma conduite et mon zèle, je me montrerai digne d'avoir été l'objet de votre sollicitude et de vos bienfaits.

J'ai l'honneur d'être, dans l'espérance que vous m'honorerez de cette nouvelle faveur,

Votre très-reconnaissant et dévoué serviteur.

Autre lettre. — Même sujet

MONSIEUR,

Une affaire importante me donne dans ce moment beaucoup de tracas, beaucoup de peine.

(Donner ici les détails.)

Cette affaire est ainsi pleine de difficultés, mais elle cesserait bientôt d'être telle, si vous daigniez m'accorder votre appui et l'influence de votre crédit.

Vous avez toujours eu pour moi de la bienveillance, ne me la retirez pas quand elle peut m'être si utile. Rendez-moi encore plus reconnaissant en me rendant heureux.

Votre humble et respectueux serviteur.

Lettre de recommandation.

MONSIEUR,

Un jeune homme qui part pour votre ville et qui veut absolument que j'aie de l'influence, du pouvoir, me sollicite pour que je vous le recommande. Il sait l'estime que vous daignez avoir pour moi, et il s'imagine qu'à mon désir vous déverserez sur lui un peu de la bienveillance que vous me témoignez.

Monsieur, j'agis ainsi qu'il le souhaite, vous priant d'excuser mon importunité, et vous remerciant d'avance de ce que vous voudrez bien faire pour lui. Il est loyal, bon, généreux, il se montrera digne de la protection que vous voudrez bien lui accorder.

J'ai l'honneur d'être, Monsieur...

Autre. — Plus familière.

MON CHER MONSIEUR,

Un de mes bons amis part pour votre ville. C'est un charmant garçon, un bon et loyal homme ; je vous le recommande et vous prie de lui faire cordial accueil.

S'il a besoin de quelques renseignements, s'il lui faut un guide dans ses démarches, ne refusez pas de lui être agréable, nous vous serons tous deux reconnaissants. Surtout ne m'épargnez pas à votre tour, si je puis vous être utile en quelque chose. Plus vous me demanderiez de services, plus je verrais que vous avez pour moi d'amitié.

A vous de cœur.

Lettre de recommandation donnée par un ouvrier à un autre ouvrier, et adressée à un ancien patron.

MONSIEUR,

J'ai l'honneur de vous écrire pour vous recommander le nommé Bertrand, qui se rend dans votre ville et désire y trouver de l'ouvrage. C'est un ouvrier habile, honnête, et très-adroit. Je vous serai reconnaissant, Monsieur, si vous daignez l'employer, ou si, ne le pouvant pas, vous lui procurez de l'occupation dans quelque atelier. En le faisant, vous lui rendrez service et vous satisferez

Votre reconnaissant serviteur.

Lettre de recommandation donnée par un chef d'atelier ou un patron à un ouvrier.

MONSIEUR ET AMI,

Je vous adresse le nommé Dubois, excellent ouvrier que nous avons occupé pendant trois années dans nos ateliers, et que nous regrettons beaucoup aujourd'hui de perdre. Il va dans votre ville; faites en sorte de l'employer, vous n'aurez qu'à vous féliciter de son travail et de sa conduite.

Tout à vous.

Autre lettre adressée par un ouvrier à un autre ouvrier.

MON CHER AMI,

Je t'adresse un camarade, bon ouvrier et de la même partie que toi. Il ne connaît personne dans ta ville. Recommande-le et fais en sorte de lui procurer de l'ouvrage; il te sera reconnaissant. Avec lui tu n'auras pas de désagrément, et le patron chez qui tu le feras entrer n'aura que des éloges à t'en faire.

Ton ami sincère.

Lettre d'excuses d'un fils à ses parents.

MON CHER PÈRE ET MA CHÈRE MÈRE,

J'ai reçu votre lettre et je suis bien sensible

aux reproches que vous me faites. Sans doute je les mérite, puisque vous me les adressez.

J'avoue maintenant que j'ai eu tort de ne pas suivre vos conseils. J'aurais dû, avant tout, chercher à vous être agréable et à vous plaire. Je ne veux pas excuser mes fautes, mais bien solliciter votre indulgence, vous promettant de ne vous donner désormais aucun sujet de plainte.

Vous serez bons pour moi comme vous le fûtes toujours, et heureux de votre pardon, je me montrerai

Votre humble et obéissant fils.

Lettre d'excuses pour des paroles trop vives, pour des injures.

MONSIEUR,

Il n'y a ni faiblesse ni honte à avouer ses torts et à réparer le mal que, dans un moment de colère, on peut avoir fait. Je reconnais que, dans notre querelle, la vivacité m'a emporté trop loin. Je désavoue les paroles que j'ai dites et qui ne sont pas l'expression des sentiments que j'ai pour vous dans le cœur. Je vous prie de les effacer de votre souvenir et de recevoir, comme réparation, mes excuses.

Ne conservez donc aucun ressentiment, et croyez bien que, l'instant d'emportement passé, je n'ai pas cessé d'être avec estime et considération

Votre dévoué serviteur.

Autre lettre d'excuses pour des propos, de faux rapports.

MONSIEUR,

On me dit que vous êtes fâché contre moi, parce que vous savez que j'ai parlé mal de vous; si dans mes expressions, si dans mes entretiens, j'ai dit quelque chose qui puisse vous être désagréable, je m'en excuse, mon intention n'ayant jamais été de vous déplaire, et ayant toujours éprouvé pour votre personne estime et respect.

Soyez donc bien certain, Monsieur, que je n'ai point eu la pensée de vous offenser, et ne cessez pas de me croire

Votre respectueux et dévoué serviteur.

Lettre d'excuses pour avoir manqué à un rendez-vous, à une invitation.

MONSIEUR,

J'ai éprouvé hier un véritable chagrin de ne pouvoir me rendre à votre aimable invitation. Je comptais bien me procurer ce plaisir, mais une affaire imprévue est venue déranger tous mes projets.

Agréez, Monsieur, mes excuses et l'assurance de mes sincères regrets.

J'ai l'honneur d'être avec considération....

Lettre d'invitation à dîner.

MON CHER MONSIEUR,

Nous avons à dîner demain un ami à qui nous avons parlé de vous, et qui désire beaucoup faire votre connaissance. Soyez des nôtres, sans cérémonie.

Ma femme joint son invitation à la mienne; ne nous refusez pas.

Tout à vous.

Autre. — Même sujet.

MON CHER AMI,

Demain soir, à six heures, venez dîner avec nous. Nous aurons du vin généreux, des mets succulents; nous ferons tout ce qui dépendra de nous pour que vous n'ayez pas à regretter les moments que vous voudrez bien nous accorder.

Votre tout dévoué.

Autre. — Même sujet.

Monsieur Duban a l'honneur de présenter ses compliments sincères à Monsieur et à Madame Lambert, et les prie de vouloir bien lui faire le plaisir de dîner avec lui mercredi prochain.

Réponse aux lettres précédentes. — Acceptation.

MON CHER MONSIEUR,

Merci de votre bonne invitation, mille fois merci; j'accepte avec le plus grand plaisir, et suis

Tout à vous.

Autre réponse. — Refus.

MON CHER AMI,

Je ne puis accepter votre bonne et cordiale invitation; plaignez-moi, car je serai malheureux d'être privé du bonheur de passer ma soirée dans votre aimable société.

Votre affectionné.

Lettre d'invitation à une fête de famille.

MONSIEUR ET AMI,

Demain c'est la fête dans la famille. Venez augmenter notre plaisir et assister à notre petite réunion. Nous comptons sur vous.

Nos civilités respectueuses et mille amitiés.

Lettre d'invitation d'aller passer quelques jours à la campagne.

MONSIEUR ET AMI,

Le printemps renaît, les beaux jours arrivent : il faut que vous veniez passer une quinzaine de jours à la campagne auprès de nous. Nous n'admettons pas d'excuse : vous devez avoir besoin de respirer l'air embaumé des champs, vous devez aimer l'ombrage des bois et les verdoyantes prairies.

Nous vous attendons, ne craignez pas l'ennui; il ne serait pas honnête de penser le trouver près de nous. Il n'est jamais là où il y a bon gîte, bonne table, bon accueil.

Je suis, en attendant le plaisir de vous voir.

Votre serviteur et ami.

CHAPITRE XII

PÉTITIONS, DEMANDES DE PLACES, DEMANDES DE SECOURS, DEMANDES RELATIVES AUX CONTRIBUTIONS.

Pétitions.

Une pétition doit être érite sur une grande feuille de papier à lettres, sur un papier dit à *ministre*.

Vous pliez la feuille en deux, dans la hauteur, de manière à laisser à gauche une grande marge blanche. Sur cette marge, s'écrivent les observations, les apostilles.

Il faut que votre pétition soit courte, qu'elle dise tout en peu de mots ; autant que possible il faut faire en sorte de la terminer dans la même page.

Si vous êtes obligé de tourner le feuillet et d'écrire au verso de la page, ne commencez sur cette page qu'environ à la hauteur de la première, laissez du blanc en haut et en bas.

Mettez à gauche, sur la première page, en

haut, l'objet de la demande, et en vedette :

A Son Excellence Monsieur le Ministre,
ou Monsieur.

Laissez du blanc, puis commencez. Votre pétition finie et signée, mettez la date au bas, à gauche; pliez-la en quatre, mettez sous enveloppe et écrivez l'adresse très-lisiblement.

Remise. — Envoi de pétition.

Une pétition ne doit être mise à la poste qu'autant qu'il y a impossibilité de la faire parvenir autrement.

Quand on ne peut la porter soi-même, il faut la faire présenter par quelqu'un; la remettre ou la faire remettre au secrétariat ou au concierge de la personne à laquelle on s'adresse.

On ne doit négliger ni de faire apostiller ni de présenter les certificats qu'on peut avoir à l'appui de sa pétition; les pétitions étant renvoyées au ministère duquel elles dépendent, les certificats et les apostilles servent à l'appuyer.

Demande de la décoration de la Légion d'honneur.

A Monsieur le Président de la République,

MONSIEUR,

Un ancien soldat retraité, ayant fait de nombreuses campagnes et reçu plusieurs blessures dans les actions où il a eu l'honneur de se trouver engagé, muni des certificats ci-joints, qui font foi de sa conduite irréprochable et du courage qu'il a toujours montré dans beaucoup d'occasions, prend la liberté de vous demander, en récompense de ses services, la croix de la légion d'honneur.

Le soussigné, espérant que vous voudrez bien, après avoir pris connaissance des pièces qu'il envoie à l'appui de sa demande, lui décerner la récompense qu'il a l'honneur de solliciter.

A l'honneur d'être,

avec le plus profond respect,

Monsieur le Président,

Votre très-humble

et très-obéissant serviteur.

Indiquer ici le domicile et la date.

Supplique à l'épouse du Président de la République Pour demander un secours.

MADAME,

Le 17 septembre dernier, un incendie s'est déclaré dans une maison voisine de celle que j'habite : La flamme dévorait le rez-de-chaussée et le premier étage, et menaçait le second auquel se trouvaient dans une chambre une femme et deux petits enfants cernés par le feu.

Mon mari, Julien Honoré Daulin, en apprenant le danger s'empara d'une échelle et s'élança aussitôt à travers les flammes. Il réussit à gagner la fenêtre de la chambre où se tenait la malheureuse famille, mais à peine y avait-il mis le pied que le plancher s'effondra, et mon mari fut précipité, avec ceux qu'il voulait sauver, au sein du brasier d'où l'on n'a retiré que des cadavres.

Cette perte cruelle me plonge dans le plus grand malheur, car je reste avec cinq enfants dont le plus jeune n'a pas dix ans.

Dans cette triste situation, j'ai recours à votre bonté pour solliciter un secours qui puisse apporter quelque soulagement à mon infortune en m'aidant à élever mes enfants, nous vous serions éternellement reconnaissants, eux et moi, de votre généreuse action.

Vous trouverez ci-joints des papiers constatant ce sinistre événement, et qui font foi de ma position.

J'ai l'honneur d'être,

avec le plus profond respect,

Madame,

Votre très-humble

et très-obéissante servante.

Requête pour obtenir la grâce d'un mari, d'un fils, d'un frère condamné à la déportation.

A Monsieur le Président de la République,

MONSIEUR,

Mon mari, (mon fils ou mon frère) a été condamné à la déportation par le 4e conseil de guerre siégeant à . . . . . ; compromis dans les troubles qui ont agité notre patrie, il expie aujourd'hui cruellement son erreur, mais croyez-le bien, Monsieur, le désordre et le crime ne furent jamais dans sa pensée, et il a toujours vécu en honnête homme.

Vous pouvez le rendre à sa famille, à sa mère, à son père, à ses enfants, c'est un cœur loyal et sincère. Soumis à la volonté nationale, il respectera toujours les lois de son pays.

Le cœur de l'exilé, en revoyant le sol de la patrie, déborde de joie et de sentiments tendres, votre généreux pardon le rendra reconnaissant.

J'ai l'honneur d'être,

avec le plus profond respect.

Monsieur,

Votre très-humble et très-obéissant serviteur.

A un ministre, à un personnage puissant.

MONSIEUR LE MINISTRE,

Dans l'état fâcheux où m'ont réduit des affaires malheureuses; tombé d'une position aisée dans la plus grande gêne; n'ayant plus que des ressources insuffisantes, j'ai recours à votre bienveillante protection.

Je vous serais reconnaissant, Monsieur, si me mettant à même d'élever ma famille vous daigniez, soit me donner une place dans les bureaux de votre ministère, soit me recommander dans quelque administration.

Employé plusieurs années dans... j'ai l'honneur de soumettre à Votre Excellence les certificats qui attestent ma capacité et ma bonne conduite. Je la supplie de prendre en considération ma demande, et de ne pas me laisser tomber dans la misère et la douleur.

J'ai l'honneur d'être avec le plus profond respect,

Monsieur le Ministre,

de Votre Excellence

Le très-humble et très-obéissant serviteur.

Demande d'une audience.

MONSIEUR LE MINISTRE,

Désirant entretenir Votre Excellence de choses importantes et relatives à...

(Exposer l'objet pour lequel on sollicite une audience.)

J'ose vous supplier de vouloir bien m'accorder une audience, et de me faire connaître le jour où vous daignerez me recevoir.

J'ai l'honneur d'être avec un profond respect,

Monsieur le Ministre...

Demande de secours par la veuve d'un militaire ou d'un marin.

A Son Excellence Monsieur le Ministre de la Guerre ou de la Marine.

MONSIEUR LE MINISTRE,

Mon mari, Pierre Robineau, est décédé le... après vingt années de service au 23e régiment de ligne... (ou dans la marine). Il me laisse avec trois enfants en bas âge, dans un dénûment absolu.

Monsieur le Ministre, daignez nous secou[rir]. J'ose solliciter de votre bienveillance un seco[urs] que votre bonté inépuisable ne me le refuse pa[s] afin que je puisse élever mes chers enfants.

Nous vous bénirons, Monsieur le Ministre, et je serai, moi, toujours avec respect,

de Votre Excellence,

La très-humble et très-obéissante servante.

Demande d'une somme accordée comme indemnité pour un terrain pris par la Commune ou l'État.

MONSIEUR LE MAIRE,

OU

MONSIEUR LE PRÉFET,

Je vous prie de vouloir bien ordonner que la somme qui m'est allouée comme indemnité pour le terrain que l'on vient de me prendre en redressant la rue de... (ou en achevant la route de...) me soit accordée.

Ce terrain est situé à... il est borné au nord par... au midi par... à l'est, il touche à... à l'ouest, à...

Il m'appartient par acte passé devant M^e... notaire à... le...

J'ai l'honneur d'être,

Monsieur le Préfet,

Votre...

Demande de dégrèvement de la contribution personnelle.

MONSIEUR LE PRÉFET,

J'ai l'honneur de vous exposer que mon loyer

n'est que de cent cinquante francs par année, ainsi que le constatent le certificat et la quittance de mon propriétaire ci-joints.

Ce taux de loyer n'est pas soumis à la taxe personnelle. C'est pourquoi je vous prie, Monsieur le Préfet, d'ordonner ma radiation du rôle. Sur l'avertissement que je reçois, je suis taxé sur le taux d'un loyer de deux cent vingt-cinq francs; c'est une erreur que votre bienveillance et votre justice feront réparer.

J'ai l'honneur d'être, Monsieur le Préfet,

Votre...

Demande en réduction de la contribution foncière.

Au Préfet.

MONSIEUR LE PRÉFET,

J'ai été porté sur le rôle des contributions foncières de l'année 1867 pour la somme de trois cent vingt-cinq francs, pour une maison sise rue de Provence, n... dont je suis le propriétaire.

Or, Monsieur le Préfet, cette maison, n'ayant été louée que six mois de l'année, n'a rapporté que la moitié de son produit. J'en ai fait la déclaration en temps voulu, il doit donc m'être fait une réduction pour cause de vacation de ces six mois.

Je vous envoie, Monsieur, l'avertissement et la quittance des termes échus, espérant qu'après vérification votre justice ordonnera qu'il soit fait droit à ma réclamation.

J'ai l'honneur d'être, Monsieur le Préfet...

Autre, par un commerçant.

MONSIEUR LE PRÉFET,

Pour une boutique que j'occupe et dans laquelle je ne fais rien que dépenser mes économies antérieurement faites; pour une vente à peu près nulle, l'on me fait payer cent soixante francs d'impôt.

C'est une somme énorme, Monsieur, que je ne puis donner sans me priver des choses les plus nécessaires, sans m'imposer les plus dures privations.

La loi veut qu'on vienne en aide aux citoyens et non pas qu'on participe à leur ruine. Daignez donc, Monsieur le Préfet, m'accorder une réduction et abaisser mes impôts, de manière qu'ils soient un peu moins lourds et que je puisse les payer. Vous me montrerez ainsi de la bienveillance, et soit que je continue à rester dans le commerce, soit que je me trouve forcé de l'abandonner, vous m'aurez rendu un service dont je vous serai reconnaissant.

J'ai l'honneur d'être, Monsieur le Préfet,

Votre...

Demande de dégrèvement de la contribution foncière pour un bien agraire.

MONSIEUR LE PRÉFET,

Des temps pluvieux et contraires, et ensuite un orage épouvantable, ont détruit à peu près toute récolte dans ma propriété. Le certificat de M. le Maire, ci-joint, constate mes véritables pertes.

Je m'adresse donc à vous, Monsieur le Préfet, vous priant de vouloir bien prendre en considération ma position fâcheuse, et ordonner que remise de ma contribution foncière me soit faite pour cette année.

Dans l'espoir que vous daignerez m'accorder cette preuve de bienveillance,

J'ai l'honneur d'être,
Monsieur le Préfet...

FORMULAIRE D'ACTES USUELS

Reconnaissance, Obligation, Prêt, Promesse, Solidarité, Quittance, Arrêté de compte, Facture, Mémoire, Billet à ordre, Traite, Dépôt, Séquestre, Caution, Vente, Échange, Nantissement, Contrat, Cession, Louage, Bail, Mandat, Procuration, Brevet d'apprentissage, Certificat, Testament.

ORSERVATIONS.

C'est une erreur de croire qu'un acte n'est valable que lorsqu'il a été passé devant un notaire.

On s'oblige parfaitement par sa signature privée quand il s'agit de conventions, d'engagements, de garanties, de promesses, de prêts, de quittances, de ventes, de cessions, de baux, de lettres de change, de billets, etc., etc.

Quand on passe sous seing privé un acte qui n'est point prohibé par la loi, on est tenu à remplir ses engagements, comme si cet acte était passé devant un notaire.

Toute personne peut contracter, si elle n'est pas déclarée incapable par la loi.

Les actes sous seing privé qui contiennent des conventions *synallagmatiques*, c'est-à-dire des conventions par lesquelles les contractants s'obligent réciproquement les uns envers les autres, doivent être faits en autant de doubles ou originaux qu'il y a de parties ayant un intérêt distinct, avec mention du nombre des originaux qui ont été faits.

Du prêt.

Il y a deux sortes de prêts : celui des choses dont on peut user sans les détruire, et celui des choses qui se consomment par l'usage qu'on en fait. La première espèce s'appelle prêt à usage ou commodat ; la deuxième s'appelle prêt de consommation.

(Code Napoléon, article 1874.)

Le prêt à usage est un contrat par lequel l'une des parties livre une chose à l'autre pour s'en servir, à la charge par le preneur de la rendre après s'en être servi.

(Code Napoléon, article 1873.)

L'emprunteur est tenu de veiller en bon père de famille et à la garde, et à la conservation de la chose prêtée. Il ne peut s'en servir qu'à l'usage déterminé par sa nature ou par la convention.

(Code Napoléon, article 1880.)

Le prêteur ne peut retirer la chose prêtée qu'après le terme convenu ou, à défaut de convention, qu'après qu'elle a servi à l'usage pour lequel elle a été empruntée.

(Code Napoléon, article 1888.)

Le prêt de consommation est un contrat par lequel l'une des parties livre à l'autre une certaine quantité de choses qui se consomment par l'usage, à la charge par cette dernière de lui en rendre autant de même espèce et qualité.

(Code Napoléon, article 1892.)

Par l'effet de ce prêt, l'emprunteur devient le propriétaire de la chose prêtée, et c'est pour lui qu'elle périt, de quelque manière que cette perte arrive.

(Code Napoléon, article 1893.)

Il est permis de stipuler des intérêts pour simple prêt, soit d'argent, soit de denrées, ou autres choses mobilières.

(Code Napoléon, article 1905.)

Du contrat.

Le contrat est une convention par laquelle une ou plusieurs personnes s'obligent envers une ou plusieurs autres, à donner, à faire ou à ne pas faire quelque chose.

(Code Napoléon, article 1101.)

Quatre conditions sont essentielles pour la validité d'une convention : le consentement de la partie qui s'oblige; sa capacité de contracter; un objet certain qui forme la matière de l'engagement; une cause licite dans l'obligation.

Lorsqu'une reconnaissance, une quittance, une obligation, lorsqu'un acte quelconque n'est pas écrit de la main de celui qui doit ou s'oblige, il faut que celui-là mette au bas, en toutes lettres, après la date et avant sa signature :

Approuvé l'écriture ci-dessus.

Bon pour la somme de...

Modèle de reconnaissance.

Je, soussigné, reconnais devoir à M. Jean-Louis la somme de cinq cents francs qu'il m'a prêtée, de laquelle somme je lui paierai les intérêts à raison de cinq pour cent l'an, m'engageant à la lui rembourser à sa première réquisition.

Paris, le 25 janvier 1867.

Autre reconnaissance.

Je, soussigné..., demeurant à..., rue..., reconnais devoir à... la somme de... Cette somme produira les intérêts à raison de cinq pour cent l'an, et sera remboursée par moi le...

Paris, le...

Autre reconnaissance avec date fixe de remboursement.

Je, soussigné, reconnais que le sieur.... m'a aujourd'hui prêté la somme de cent vingt-cinq francs. Je m'engage à lui remettre cette somme le quinze mai prochain.

Paris, le...

Autre.

Je, soussigné, reconnais avoir reçu de M. Chauveau la somme de six cent vingt-cinq francs qu'il m'a prêtée, et que je m'engage à lui rendre dans trois mois, à dater de ce jour, avec les intérêts à raison de cinq pour cent l'an.

Paris, le 30 janvier 1867.

Reconnaissance avec déclaration d'emploi.

Entre les soussignés, David, demeurant à... d'une part, et Cornuau, demeurant à... d'autre part, a été convenu et arrêté ce qui suit :

Le sieur David reconnaît avoir emprunté de M. Cornuau, la somme de quinze cents francs. Cette somme a été empruntée par lui pour payer une maison qui est située rue... et qu'il a acquise de M. Lhermine, par acte.. en date du... Il s'oblige à payer cette somme de quinze cents francs qu'il emprunte, dans trois années et en trois paiements égaux, c'est-à-dire cinq cents francs par paiement et par année; le premier paiement aura lieu le quinze juillet prochain.

Pour sûreté de l'emploi de ladite somme, il s'engage à rapporter à M. Cornuau, sous quinzaine, copie de l'acte d'acquisition. Dans cet acte seront portés les quinze cents francs qu'il lui prête. Ils seront hypothéqués sur ladite maison.

Fait et consenti entre eux.

Paris, le...

Reconnaissance d'un tuteur pour objets fournis à des mineurs.

Je, soussigné, Bertrand, tuteur des enfants mineurs de mon frère Bertrand, Auguste, décédé, reconnais que le sieur Desmoulin, cordonnier, m'a fait et fourni pour le compte desdits enfants mineurs, vingt-quatre paires de souliers pour le prix de cent dix francs. En qualité de tuteur de ces enfants, je m'oblige à payer cette somme à Desmoulin à la fin du mois de juillet prochain.

Paris, le...

Reconnaissance pour réparations faites à une maison.

Je, soussigné, reconnais que le sieur Jahan, Joseph, maître maçon, a fait à ma maison située rue... les réparations par moi commandées, montant à la somme de trois cent vingt-cinq francs que je promets et m'engage à lui payer à la fin de juin prochain.

Paris, le...

Reconnaissance d'une dette d'un défunt par son héritier.

Je, soussigné, Bernard, héritier de défunt André Corchand, décédé le..., reconnais que André Corchand est décédé, débiteur de la somme de soixante-quinze francs envers le sieur Giraudeau.

C'est pourquoi je m'engage à acquitter cette dette aussitôt que j'aurai touché tout ou partie de l'héritage, et dans le délai de trois mois.

Fait à Paris, le....

Reconnaissance d'une dette d'un défunt, par ses cohéritiers, avec ou sans solidarité.

Nous, soussignés.... cohéritiers, chacun pour un tiers, dans la succession de Barthélemy, décédé, reconnaissons que cette succession est redevable de la somme de douze cents francs envers le sieur Picard, et nous nous engageons, sans cependant aucune solidarité, à payer au sieur Picard, dans le délai de six mois, chacun un tiers de la somme totale.

Ou bien : Et nous nous engageons tous solidairement l'un pour l'autre à payer intégralement la somme.

Fait à...

Reconnaissance pour nourriture et logement.

Je, soussigné, Gibert, ouvrier maçon, reconnais devoir à madame veuve Bonnet la somme de cinquante-cinq francs, pour la nourriture et le logement qu'elle m'a fournis jusqu'à ce jour.

Je promets et m'oblige à payer cette somme à ladite dame d'ici à trois mois.

Fait à..., le...

Reconnaissance pour ouvrages fournis.

Je, soussigné, Gauvain, marchand coutelier demeurant à..., reconnais avoir reçu, le..., du sieur Pécaille, vingt-quatre douzaines de couteaux, qu'il m'a faits et livrés à raison de huit francs cinquante centimes la douzaine, ainsi qu'il a été convenu entre nous; ce qui forme la somme totale de deux cent quatre francs, laquelle somme je lui paierai.

Fait à..., le...

Autre. — Pour marchandises et différents objets.

Je, soussigné, reconnais avoir emprunté de Monsieur... (expliquer les objets ou les marchandises empruntés), pour six mois. lesquels objets je m'engage à lui rendre à l'expiration du temps fixé, en même nature qu'ils m'ont été confiés, et que je les ai reçus.

Dans le cas où je ne pourrais les rendre à la fin de ce temps, je m'engage à lui donner à leur place la somme de...

Paris, le...

Obligations.

Je, soussigné, reconnais devoir à... la somme de..., pour laquelle somme je promets de payer les intérêts à raison de..., m'engageant en outre à la rembourser en trois paiements différents: le premier paiement de... francs aura lieu le..., le second de... francs, le...; le troisième de... francs, le...

Paris, le...

Solidarité.

Il y a solidarité de la part des débiteurs, lorsqu'ils sont obligés à une même chose, de manière que chacun puisse être contraint pour la totalité, et que le paiement fait par un seul libère les autres envers le créancier.

(Code Napoléon, article 1200.)

La solidarité ne se présume point, il faut qu'elle soit expressément stipulée.

(Code Napoléon, article 1202.)

Le créancier d'une obligation contractée solidairement peut s'adresser à celui des débiteurs qu'il veut choisir, sans que celui-ci puisse lui opposer le bénéfice de division.

(Code Napoléon, article 1203.)

Les poursuites faites contre l'un des débiteurs n'empêchent pas le créancier d'en exercer de pareilles contre les autres.

(Code Napoléon, article 1204.)

Reconnaissance solidaire de deux personnes.

Nous, soussignés, reconnaissons devoir au sieur Bertrand la somme de mille francs que nous avons reçue en espèces (ou en marchandises), et que nous nous engageons solidairement à lui payer le quinze mars mil huit cent soixante-sept.

Paris, le...

Autre obligation solidaire.

Nous, soussignés, Nivert et Corchand, reconnaissons devoir à M. Hévrard, la somme de cinq cents francs qu'il nous a prêtée à tous deux conjointement, laquelle somme promettons et nous obligeons solidairement l'un pour l'autre à payer le trente octobre prochain avec les intérêts à raison de cinq pour cent l'an.

Paris, le...

Autre promesse par laquelle la femme s'oblige avec son mari.

Nous, soussignés, Barthélemy Boulanger et Marie Nivert, mon épouse, que j'autorise à cet effet, promettons de payer solidairement, le trente et un janvier prochain, à M. Parfait, la somme de trois mille francs qu'il nous a prêtée.

Paris, le...

Engagement solidaire du mari et de la femme.

Nous soussignés, Pierre Hérault et Jeanne Laborde, ma femme, autorisée par moi à cet effet, reconnaissons devoir au sieur Philippe la somme de huit cent cinquante francs qu'il nous a prêtée ; laquelle somme nous nous engageons solidairement à lui rembourser le quinze avril prochain, avec les intérêts à raison de cinq pour cent l'an.

Paris, le 5 avril 1867.

Quittance.

La quittance est un acte par lequel on tient quitte un débiteur de ce qu'il doit.

La quittance du capital, donnée sans réserve des intérêts, en fait présumer le paiement et en opère la libération.

(Code Napoléon, article 1908.)

Modèle de quittance.

Je, soussigné, reconnais avoir reçu de M. Didier la somme de cent vingt francs, pour solde de tout compte entre nous.

Paris, le 1er janvier 1867.

Autre modèle de quittance.

Je, soussigné, reconnais avoir reçu de M. Paul la somme de soixante-quinze francs, qu'il me devait, de laquelle somme je le tiens quitte.

Paris, le...

Modèle de quittance d'une somme reçue à compte.

Je, soussigné, reconnais avoir reçu de M. Leriche la somme de deux cent trente francs, à valoir sur celle de cinq cent trente-six francs qu'il me doit.

Paris, le 29 novembre 1867.

Quittance à compte sur un mémoire.

Je, soussigné, reconnais avoir reçu de M. Capron la somme de quatre-vingt-dix francs, à valoir sur mon mémoire, que je lui ai remis ce jour.

Paris, le 8 février 1867.

Quittance d'un codébiteur.

Je, soussigné, reconnais avoir reçu de M. Auguste... la somme de cent trente francs pour sa part de la somme de deux cent soixante francs, qui m'est due par lui et par M. Thomas ; de laquelle somme je le tiens quitte, sans que cette quittance que je lui donne puisse préjudicier en rien à ce qui m'est dû par le sieur Thomas.

Paris, le...

Quittance d'intérêts d'une somme prêtée.

Je, soussigné, reconnais avoir reçu de M. Chauvière la somme de cent vingt-cinq francs, pour six mois échus aujourd'hui des intérêts qu'il me doit, en vertu d'une obligation passée le... devant M. Balagny, notaire à...

Paris, le...

Quittance d'arrérages de rentes.

Je, soussigné, reconnais avoir reçu de M. Brigaud la somme de deux cent cinquante francs, pour six mois d'arrérages, échus le vingt novembre mil huit cent cinquante, d'une rente de cinq cents francs par an qu'il me doit; dont quittance, sans préjudice du courant.

Paris, le 5 décembre 1867.

Quittance de loyer d'une boutique ou d'un appartement.

Je, soussigné, propriétaire d'une maison sise à..., rue..., reconnais avoir reçu de M. Baudiche la somme de trois cents francs, pour trois mois de loyer, échus le premier du courant, d'un appartement (ou d'une boutique) qu'il occupe dans ladite maison; dont quittance sous toutes réserves.

Paris, le 15 mars 1867.

Autre quittance de loyer d'une maison entière

Je, soussigné, propriétaire d'une maison sise à..., reconnais avoir reçu de M. Lebrun la somme de cinq cents francs, pour une année de loyer, échue le premier du courant, de la susdite maison; dont quittance, sans préjudice du courant et sous toutes réserves.

Paris, le...

Reconnaissance d'un mémoire, arrêté de compte.

Mémoire de Boisgautier.

M. Dubuisseau doit à Boisgautier, marchand,

Savoir :

Du 1er janv. 1867, serrure, clous, pointes	10	25
Du 20 — fil de fer, gonds, bandes. . . .	15	50
Du 5 février, une poulie en fonte, chaîne de puits.	12	»»
Du 10 mars, chenets, pelle, pince, garde-feu	16	25
Total.	54	00

Je, soussigné, Dubuisseau, reconnais devoir à M. Boisgautier la somme de cinquante-quatre francs, montant du mémoire des marchandises qu'il m'a fournies. Cette somme sera payée par moi. le...

Paris, le...

Arrêté de compte entre marchands.

Entre nous, soussignés, Jouteau, demeurant à..., d'une part, et Dufour, demeurant à..., d'autre part, a été convenu ce qui suit :

Ayant examiné ensemble les fournitures que nous nous sommes faites l'un à l'autre, depuis le premier janvier dernier jusqu'à ce jour; trouvant que moi, Jouteau, suis redevable à Dufour de la somme de..., et voulant m'acquitter envers lui, je promets de payer, fin mars prochain, ladite somme de... Un billet de cette somme étant souscrit par moi, nous nous déchargeons réciproquement de toute réclamation relative à notre compte, réglé et arrêté définitivement ce jour...

Fait double entre nous, à..., le...

Reconnaissance d'un arrêté de compte entre marchands.

D'après notre compte réglé et arrêté entre nous, je, soussigné, reconnais devoir à M. Dubois la somme de..., laquelle somme je promets lui payer le...

Fait à..., le...

Modèle de facture.

Doit M. David à Laurent

Paris, le 5 février 1867.

1 balai d'appartement	. . . .	5 50
1 plumeau	. . . .	6 »»
3 brosses	. . . .	2 75
2 éponges	. . . .	3 25
1 corbeille	. . . .	2 »»
1 panier à bois	. . . .	3 »»
	Total.	22 50

Pour acquit,

Laurent.

Autre.

Vendu à Monsieur Nicolas.

Le 1er mai 1867.

12 tasses	. . . .	8 50
8 — petites	. . . .	1 20
24 verres à liqueur	. . . .	5 25
12 verres à pied	. . . .	3 60
1 carafe	. . . .	2 90
12 coupes à fruits	. . . .	3 60
3 carafons	. . . .	3 75
	Total	28 80

Pour acquit.

Mémoire de travaux faits pour le compte de M..., par N..., menuisier.

Paris, le...

Deux portes en chêne à doubles vantaux et double feuillure, ayant 3 mètres de hauteur et 1 mètre de largeur 30 50

Trois portes en sapin, 2 mètres de hauteur et 30 centimètres de largeur . . 27 »»

Quatre croisées en chêne, ayant chacune quatre carreaux, 2 mètres de hauteur, 1 mètre de largeur . . . . 60 »»

Total 117 50

Pour acquit.

Autre. D'un ouvrier charpentier.

Le 4 mars 1867, — une journée pour poser les soliveaux du petit cabinet. 2 50

Le 5 — deux journées pour poser des écriteaux et dresser des chevrons. 5 »»

3 boisseaux de chaux 3 75

Le 7 — 450 tuiles . . . . . . 12 »»

Pour 3 journées. 7 50

Total. . . . 30 75

Pour acquit.

Modèle de billet à ordre.

Paris, le 15 janvier 1867. Bon pour fr. 235.

Au quinze avril prochain, je paierai à M. Lemoine, ou à son ordre, la somme de deux cent trente-cinq francs, valeur reçue en marchandises.

Duchemin,
rue du Helder, 25.

Modèle d'une traite.

Paris, le 5 janvier 1867. Bon pour fr. 500.

Au trente et un mai prochain, veuillez payer par ce mandat, à l'ordre de M. Charles Malo, la somme de cinq cents francs, valeur pour solde que passerez suivant avis de

Lagrange.

A M. LECOMPTE, négociant,
à ROUEN.

Autre modèle de traite.

Paris, le 2 février 1867. Bon pour fr. 300.

Au vingt juillet prochain, veuillez payer, à mon ordre, la somme de trois cents francs, valeur que passerez suivant l'avis de

Votre dévoué
Lemaire.

A M. JUSSIEU, négociant,
à BORDEAUX.

Du dépôt.

Le dépôt est un acte par lequel on reçoit la chose d'autrui, à la charge de la garder et de la restituer en nature.

(Code Napoléon, article 1915.

Il a y deux espèces de dépôt : le dépôt proprement dit, et le séquestre.

(Code Napoléon, article 1916.)

Le dépôt est volontaire ou nécessaire.

(Code Napoléon, article 1920.)

Le dépôt volontaire se forme par le consentement réciproque de la personne qui fait le dépôt et de celle qui le reçoit.

(Code Napoléon, article 1921.)

Le dépôt nécessaire est celui qui a été forcé par quelque accident, tel qu'un incendie, une ruine, un naufrage ou autre événement imprévu.

(Code Napoléon, article 1949.)

Du séquestre.

Le séquestre est le dépôt fait par une ou plusieurs personnes, d'une chose contentieuse, entre les mains d'un tiers qui s'oblige de la rendre après la contestation terminée, à la personne qui sera jugée devoir l'obtenir.

(Code Napoléon, article 1956.)

La justice peut ordonner le séquestre.

(Code Napoléon, article 1961.)

Reconnaissance d'un dépôt.

Je, soussigné, reconnais avoir reçu, à titre de dépôt, de M. Barbier, la somme de six cents francs que je m'engage à lui rendre à sa volonté.

Paris, le 3 février 1867.

Reconnaissance de dépôt de marchandises.

Je, soussigné, reconnais que M..... m'a remis en dépôt (telles marchandises) que je promets de remettre ou à lui ou à la personne fondée par lui de pouvoirs, en tel état que je les ai reçues.

Il est bien entendu, cependant, que je ne les garantis point contre les événements imprévus et de force majeure.

Paris, le...

Décharge de dépôt.

Je, soussigné, reconnais que M. Louis Baron m'a remis aujourd'hui, sur ma demande, la somme de..... que je lui avais confiée..... (ou les marchandises que j'avais déposées en sa maison...); c'est pourquoi je le tiens quitte et le décharge dudit dépôt.

Paris, le...

Séquestre de marchandises, d'un animal.

Entre nous, soussignés, Paul..., demeurant à..., d'une part, et Jean-Pierre, demeurant à..., d'autre part, a été convenu ce qui suit :

Les marchandises (l'animal ou l'objet) qui sont la matière de la contestation qui existe entre nous et qui sont actuellement à... ou chez..., seront déposées de notre consentement réciproque dans les magasins de M. Jacques..., où elles resteront jusqu'à ce que ladite contestation qui nous divise soit terminée par la décision des arbitres ou du tribunal. Aucun de nous avant le jugement ne pourra retirer lesdites marchandises.

Celui qui contreviendra à la présente convention paiera à l'autre la somme de..., pour dommages et intérêts.

Celui contre lequel la décision arbitrale ou le jugement du tribunal sera prononcé, paiera les frais.

Le sieur Jacques..., qui est présent et qui a signé avec nous, déclare se charger du séquestre desdites marchandises.

Fait et signé en triple,

à Paris, le...

Du cautionnement.

Celui qui se rend caution d'une obligation, se soumet envers le créancier à satisfaire à cette obligation, si le débiteur n'y satisfait pas lui-même.

(Code Napoléon, article 2011.)

La caution n'est obligée envers le créancier à le payer qu'à défaut du débiteur, qui doit être préalablement discuté dans ses biens, à moins que la caution n'ait renoncé au bénéfice des discussions.

(Code Napoléon, article 2021.)

La caution qui a payé la dette est subrogée à

tous les droits qu'avait le créancier contre le débiteur.

(Code Napoléon, article 2029.)

Formule de cautionnement.

Je, soussigné, Aubugeau, promets et m'engage, comme caution de M. Boisblanc, à payer à M. Vivier la somme de quatre cents francs que lui doit M. Boisblanc, en vertu d'une reconnaissance sous seing privé en date du cinq janvier, payable fin avril..., dans le cas où ledit M. Boisblanc ne satisferait pas à cette obligation.

Fait à..., le...

Autre formule de cautionnement.

Entre nous, soussignés,

Jacques Bruneau, demeurant à..., d'une part, et Moutier, François, demeurant à..., d'autre part; a éte convenu et arrêté ce qui suit :

Moi, Jacques Bruneau, reconnais devoir à Moutier, François, la somme de quatre cent cinquante francs. Je m'engage à lui payer cette somme en deux paiements : le premier fin janvier..., le deuxième fin juin...; ce que moi, Moutier, François, accepte, à condition que Bruneau me fournira caution pour ladite somme de quatre cent cinquante francs.

Le sieur Cotencin, Joseph, a déclaré se rendre caution pour Bruneau. Il s'engage à payer ladite somme, dans le cas où Bruneau ne me la paierait pas aux époques fixées ci-dessus.

Fait triple entre nous et signé,

Paris, le...

Autre.

Je, soussigné, Paul Châtillon, marchand épicier, demeurant à..., me rends garant envers le sieur Aubry... du paiement d'une somme de cinq cents francs que lui doit le sieur Ménard, et pour laquelle somme il lui a souscrit une obligation payable le 31 juillet prochain.

En conséquence, je promets et m'oblige, pour le cas où le sieur Ménard ne paierait pas ladite somme à l'échéance, de la payer moi-même dans les huit jours qui suivront.

Paris, le 25 février 1867.

Autre formule avec plusieurs cautions solidaires.

Entre les soussignés, André, demeurant à..., d'une part, et Thomas, demeurant à..., d'autre part; a été convenu et arrêté ce qui suit :

Le sieur Thomas m'ayant souscrit un billet de la somme de deux cent vingt-cinq francs, échu le trente novembre dernier, et ne l'ayant pas payé, je consens à annuler ledit billet et à ce qu'il soit remplacé par un autre de pareille somme que souscrira le sieur Thomas et qui sera payable fin avril prochain, mais à condition que

Thomas aura pour caution deux personnes qui me répondront solidairement de cette somme.

M. Thomas, ayant consenti, m'a présenté les sieurs Langlois et Chartier que j'accepte. Ces messieurs déclarent se rendre ses cautions solidaires ponr le paiement de la somme de deux cent vingt-cinq francs, promettant de la payer fin avril, si le sieur Thomas lui-même n'effectuait pas le paiement.

Fait et signé quadruple,

à Paris, le...

De la vente.

La vente est une convention par laquelle l'un s'oblige à livrer une chose, et l'autre à la payer.

Elle peut être faite par acte authentique ou sous seing privé.

(Code Napoléon, article 1582.)

Elle est parfaite entre les parties, et la propriété est acquise de droit à l'acheteur à l'égard du vendeur, dès qu'on est convenu de la chose et du prix, quoique la chose n'ait pas encore été livrée ni le prix payé.

(Code Napoléon, article 1583.)

La vente peut être faite purement et simplement ou sous une condition soit suspensive, soit résolutoire.

(Code Napoléon, article 1584.)

La promesse de vente vaut vente, lorsqu'il

y a consentement des deux parties sur la chose et sur le prix.

(Code Napoléon, article 1589.)

Si la promesse de vendre a été faite avec des arrhes, chacun des contractants est maître de s'en départir : celui qui les a données en les perdant, et celui qui les a reçues en restituant le double.

(Code Napoléon, article 1590.)

Tous ceux auxquels la loi ne l'interdit pas peuvent acheter ou vendre.

(Code Napoléon, article 1594.)

Tout ce qui est dans le commerce peut être vendu, lorsque des lois particulières n'en ont pas prohibé l'aliénation.

(Code Napoléon, article 1598.)

Le vendeur est tenu d'expliquer clairement ce à quoi il s'oblige.

(Code Napoléon, article 1602.)

Il a deux obligations principales, celle de délivrer et celle de garantir la chose qu'il vend.

(Code Napoléon, article 1603.)

Formule d'un acte de vente.

Entre nous, soussignés. Philippon, Joseph, demeurant à..., d'une part, et Poirier, Jean, demeurant à..., d'autre part;

A été convenu ce qui suit :

Moi, Joseph Philippon, vends par le présent audit sieur Poirier, qui les accepte... (désigner les objets que l'on vend), moyennant la somme de cent vingt-cinq francs que le sieur Poirier m'a payée comptant et dont je le tiens quitte.

Fait et signé double,

à..., le...

Autre formule d'un acte de vente de marchandises.

Entre les soussignés, Étienne Larché, demeurant à..., d'une part, et Martin Langlois, marchand, demeurant en la même ville..., d'autre part ;

A été convenu ce qui suit :

Étienne Larché s'oblige à livrer du 15 au 20 avril prochain... (désigner la chose à livrer); laquelle marchandise sera acceptable et de bonne qualité, moyennant la somme de... que le sieur Langlois, de son côté, s'engage à payer au comptant, à sa réception.

Fait double,

à..., le 10 février 1867.

Autre formule d'un acte de vente à terme.

Entre les soussignés, Matinal, demeurant à..., d'une part, et Percevault, demeurant à..., d'autre part ;

A été convenu et arrêté ce qui suit :

Matinal vend au sieur Percevault... (indiquer les marchandises), telles qu'elles sont et se trouvent, moyennant la somme de trois cents francs. Percevault accepte lesdites marchandises, et s'oblige à payer la somme stipulée de la manière suivante : cent francs dans un mois, cent francs dans deux mois et les cent derniers francs dans trois mois, à partir de ce jour.

Fait et signé en double.

Paris, le...

Vente d'effets mobiliers.

Entre nous, soussignés, Rideau, Paul, demeurant à..., d'une part, et Guillon, Étienne, demeurant à..., d'autre part ;

A été convenu et arrêté ce qui suit :

Moi, Rideau, Paul, vends au sieur Guillon, savoir : une commode, un lit, etc., etc., en l'état qu'ils sont, pour la somme de 400 fr. que ledit sieur Guillon, ce acceptant, me paie moitié en argent comptant, moitié en un billet payable fin avril prochain. Il est convenu que l'enlèvement des meubles sera fait aux frais de M. Guillon.

Fait double entre nous,

à..., le...

Vente de bois.

Entre les soussignés. François Grelault, propriétaire, demeurant à...,

Et Henri Monnerau, marchand de bois, demeurant à...;

A été convenu ce qui suit :

François Grelault, propriétaire du bois de..., situé dans la commune..., autorisé par l'administration forestière, vend au sieur Monnerau la coupe du petit bois de..., pour la somme de...

Henri Monnerau s'engage à payer cette somme de..., le cinq mai mil huit cent soixante-sept. Il s'engage en outre à couper, scier et enlever le bois avant le premier mars même année, se condamnant à payer cinq francs par jour pour chaque jour de retard.

Fait et signé double, entre nous,

à..., le...

Vente d'un objet à l'essai.

Entre les soussignés, Bobin, demeurant à..., d'une part, et Jean Moine, demeurant à....., d'autre part; a été convenu et arrêté ce qui suit:

Le sieur Bobin vend au sieur Moine (désigner l'objet), moyennant la somme de trois cent vingt-cinq francs. Cette vente est faite à l'essai. Cet essai aura lieu pendant l'espace de quinze jours, à partir de la signature du présent acte.

Dans le cas où l'objet mis à l'essai ne conviendrait pas au sieur Moine, il sera libre de le rendre, le sieur Bobin s'obligeant à le reprendre. La vente sera ainsi annulée. Les quinze jours étant expirés sans que l'objet ait été remis, la vente sera bonne et valable, et les trois cent vingt-cinq francs seront exigibles et payés par le sieur Moine au sieur Bobin, ainsi qu'il s'y est engagé.

Fait double et signé,

à..., le...

Vente d'une récolte de foin.

Entre nous, soussignés, Charpentier, propriétaire, demeurant à..., d'une part, et Baudy, aubergiste, demeurant à...., d'autre part, a été convenu ce qui suit :

Moi, Charpentier, vends par le présent, au sieur Baudy, la récolte de mon pré, situé à...., pour toutes les coupes et pour qu'il en jouisse comme pacage jusqu'à la Saint-Michel présente année, moyennant la somme de cent soixante-dix francs, payable à la fin du mois d'août prochain. A la Saint-Michel, je rentre pleinement et complétement en possession de mon pré.

Moi, Baudy, accepte ladite vente aux conditions établies et m'engage à payer ladite somme de cent soixante-dix francs à l'époque fixée.

Fait double entre nous,

à..., le... avril 186...

Promesse de vente.

Je soussigné, promets de vendre et livrer à M. Aubry, marchand... (désigner les objets), en belle et bonne qualité et acceptables, au plus tard le 15 du mois prochain, moyennant la somme de... qu'il me paiera comptant.

Fait double,

à..., le...

Autre promesse de vente.

Entre nous, soussignés, Papillault, chaudronnier, demeurant à..., d'une part, et Lavoy, demeurant à..., d'autre part, a été convenu et arrêté ce qui suit :

Moi, Papillault, m'engage à livrer à Lavoy, dans le délai de trois semaines, à partir de ce jour... (désigner les marchandises), moyennant la somme de... que le sieur Lavoy consent et s'engage à me payer en un billet payable fin juillet présente année,

Fait double et signé,

à..., le...

Autre promesse de vente avec dommages et intérêts.

Entre nous, soussignés, Grelault, demeurant à..., d'une part, et Boutain, demeurant à..., d'autre part, a été convenu et arrêté ce qui suit:

Moi, Grelault, m'engage à livrer au sieur Boutain les marchandises ci-après désignées..., au plus tard le vingt avril mil huit cent soixante-sept.

Moi, Boutain, promets de mon côté d'accepter les marchandises que me vend Grelault pour la somme de...

Il est convenu que celui de nous qui manquera à son engagement, pour quelque motif que ce soit, paiera à l'autre comme indemnité la somme de...

Fait double, et signé,

à..., le...

Vente d'un fonds de commerce.

Entre les soussignés, Monnereau, demeurant à..., d'une part, et Refauvelet, demeurant à..., d'autre part; a été convenu et arrêté ce qui suit:

Monnereau cède et transporte à Refauvelet le fonds de commerce qu'il exploite à..., avec le bail qui a encore cinq ans à courir et qui expire le...

Ce fonds de commerce comprend les marchandises ci-après désignées..., avec les tablettes, les ustensiles et les comptoirs du magasin.

Refauvelet entrera en possession dudit fonds le..., moyennant la somme de... qu'il paiera à Monnereau de la manière suivante... (indiquer les échéances).

Monnereau s'engage à ne former ni tenir aucun établissement de commerce semblable à celui qu'il vend.

Fait double entre nous,

à..., le...

Échange.

L'échange est un contrat par lequel les parties se donnent respectivement une chose pour une autre.

(Code Napoléon, article 1702.)

L'échange s'opère par le seul consentement, de la même manière que la vente.

(Code Napoléon, article 1703.)

Formule d'échange.

Entre nous, soussignés, Marguery, demeurant à..., d'une part, et Moreau, demeurant à.... d'autre part, a été convenu ce qui suit :

Moi, Marguery, livre à titre d'échange avec garantie au sieur Moreau... (désigner les objets).

Moi, également, Moreau, livre en contre-échange avec pareille garantie... (désigner les objets).

Le présent échange fait sans retour de part ni d'autre ; — ou avec la somme de... donnée en retour. Marguery ou Moreau reconnaissant par le présent acte avoir reçu cette somme.

Fait double, et signé,

à..., le...

Du nantissement.

Le nantissement est un contrat par lequel un débiteur remet une chose à son créancier pour sûreté de la dette.

(Code Napoléon, article 2071.)

Le nantissement d'une chose mobilière s'appelle gage.

(Code Napoléon, article 2072.)

Le gage confère au créancier le droit de se faire payer sur la chose qui en est l'objet, par privilége et préférence aux autres créanciers.

(Code Napoléon, article 2073.)

Formule de reconnaissance pour gage.

Entre nous, soussignés, Robert, demeurant à..., d'une part, et Simon, demeurant à..., d'autre part,

A été convenu et arrêté ce qui suit :

Moi, Robert, reconnais que Simon m'a remis aujourd'hui une chaîne en or, une montre en or et six couverts en argent, pour sûreté et nantissement jusqu'à parfait et entier paiement de la somme de quatre cent soixante-quinze francs qu'il me doit, laquelle somme il s'engage à me rendre le quinze septembre prochain.

A défaut de paiement à l'époque fixée, moi, Simon, consens à ce que, sans aucune formalité de justice, la chaîne, la montre et les couverts soient vendus par Robert pour, sur le prix, être payé de ladite somme et le surplus de la vente, s'il en reste, m'être remis.

Fait et signé double,

à..., le...

Reconnaissance d'objets donnés en nantissement.

Entre nous, soussignés, Hilaire, demeurant à..., d'une part, et Maréchal, demeurant à..., d'autre part,

A été convenu et arrêté ce qui suit :

Moi, Hilaire, soussigné, reconnais que le sieur Maréchal, pour sûreté et garantie de la somme de deux cents francs qu'il me doit et qu'il s'engage à me payer en quatre paiements, de trois mois en trois mois, le premier paiement le cinq janvier, le second le cinq avril, et ainsi de suite; m'a remis à titre de nantissement : six paires de draps, une montre, une pendule. Lesquels objets je m'engage à lui remettre, savoir : les draps après le premier, la montre après le second, la pendule après le quatrième et dernier paiement.

A défaut de l'un de ces paiements à l'époque fixée, le sieur Maréchal consent que je fasse vendre les objets qui se trouveront en nantissement entre mes mains pour me payer sur la vente de la totalité de ce qui me sera dû. Le surplus de la vente, s'il en est, sera remis audit Maréchal.

Fait double, et signé,

à..., le...

Reconnaissance d'un titre donné en gage.

Entre nous, soussignés, Touzalin, demeurant à..., d'une part, et Bertholet, demeurant à..., d'autre part,

A été convenu ce qui suit :

Moi, Touzalin, reconnais que le sieur Bertholet, qui me doit la somme de cent quinze francs que je lui ai prêtée et qu'il promet de me payer dans un an, à partir de ce jour, m'a remis, pour sûreté et garantie de ladite somme, la grosse d'une obligation de quatre mille francs, rapportant deux cents francs d'intérêts, payables tous les six mois, ladite obligation passée devant Me..., notaire à..., le..., avec pouvoir de toucher ladite rente jusqu'à concurrence des cent quinze francs qui me sont dus.

Et moi, Bertholet, reconnais avoir donné ce pouvoir à Touzalin et consens à ce que la présente obligation reste entre ses mains jusqu'à parfait paiement.

Fait et signé double,

à..., le...

Contrat de société.

La société est un contrat par lequel deux ou plusieurs personnes conviennent de mettre quelque chose en commun, dans la vue de partager le bénéfice qui pourra en résulter.

(Code Napoléon, article 1832.)

Toute société doit avoir un objet licite, et être contractée pour l'intérêt commun des parties.

Chaque associé doit y apporter ou de l'argent, ou d'autres biens, ou son industrie.

(Code Napoléon, article 1833.)

Chaque associé est débiteur envers la société de tout ce qu'il a promis d'y apporter.

(Code Napoléon, article 1845.)

Convention pour acheter et vendre marchandises en société.

Entre nous, soussignés,

Jean, A..., marchand, demeurant à..., d'une part;

Pierre, B..., marchand, demeurant à..., d'autre part;

Jacques, C..., marchand, demeurant à..., aussi d'autre part;

Thomas, D..., marchand, demeurant à..., d'une quatrième part;

A été convenu et arrêté ce qui suit :

Nous nous constituons en société pour l'achat et la vente des marchandises de notre commerce, apportant chacun une somme de... que nous mettons en commun pour nos différentes acquisitions.

Le gain de la vente sera partagé entre nous par portions égales, la perte sera également supportée par chacun de nous. Les frais de transport, de revente, de courtage, seront naturellement payés par la communauté.

Fait et signé quadruple entre nous,

à..., le...

Acte de société entre deux marchands.

Entre nous, soussignés, Barbier, demeurant à..., d'une part,

Et Renaudet, demeurant à..., d'autre part;

A été formé société et convenu ce qui suit :

Dans la société commerciale que nous formons ensemble, Barbier apporte la somme de quatre mille francs en espèces,

Et Renaudet pareille somme de 4,000 fr.

Le fonds social est ainsi formé de 8,000 fr.

La société est constituée pour huit années elle commencera le..., et finira le..., elle existera sous le nom de...

Les deux associés auront la signature des effets de commerce et pourront recevoir et acquitter. Les achats et la vente seront faits par l'un comme par l'autre des deux associés.

Chacun des associés prélèvera tous les mois, sur les bénéfices, la somme de..., pour ses besoins personnels.

Les frais de ladite société seront acquittés par la caisse et les bénéfices.

Tous les ans, il sera fait un inventaire, et les bénéfices resteront en caisse ou seront partagés à la volonté des deux associés.

A l'expiration de la société, les associés partageront les marchandises, les capitaux en caisse et ceux à recouvrer.

Fait double et signé.

Formule de cession d'une créance.

Je, soussigné, cède et transporte au sieur Amiraud, marchand, sans autre garantie que celle de la légitimité de la créance, une somme de 500 fr. que me doit Pierre Broudoi, et qui est payable dans un an, à dater de ce jour.

En conséquence, je remets au sieur Amiraud, qui reconnaît les avoir reçues, les pièces (ou l'obligation) du sieur Broudoi, qui constatent cette créance, lui conférant tous mes droits, et déclarant que le paiement qui lui sera fait par Broudoi, vaudra comme s'il était fait à moi-même, et que la quittance qu'Amiraud donnera libérera Broudoi, comme si je l'eusse donnée.

La présente cession est faite moyennant la somme de..., que je reconnais avoir reçue.

Fait double, le 15 février 1867.

Louage, bail.

Il y a deux sortes de contrat de louage : celui des choses et celui d'ouvrage.

(Code Napoléon, article 1708.)

Le louage des choses est un contrat par lequel l'une des parties s'oblige à faire jouir l'autre d'une chose pendant un certain temps, et moyennant un certain prix que celle-ci s'oblige à lui payer.

(Code Napoléon, article 1709.)

Le louage d'ouvrage est un contrat par lequel l'une des parties s'engage à faire quelque chose pour l'autre, moyennant un prix convenu entre elles.

(Code Napoléon, article 1710.)

On appelle bail à loyer le louage des maisons celui des meubles;

Bail à ferme, celui des héritages ruraux;

Loyer, le louage du travail et du service;

Bail à cheptel, celui des animaux.

(Code Napoléon, article 1711.)

Formule de bail pour une maison.

Entre les soussignés, Jean-Louis Charpentier, propriétaire, demeurant à..., d'une part,

Et Charles Lamouroux, domicilié à..., d'autre part;

Est convenu ce qui suit:

Jean-Louis Charpentier donne à bail, par le présent au sieur Lamouroux, qui l'accepte pour trois, six ou neuf années consécutives, au choix du preneur (du bailleur, ou des deux parties), qui commenceront à partir du 15 juillet 1867, une maison sise (indiquer la rue et le numéro de la maison), ladite maison consistant en... (faire la description sommaire de la maison), que le sieur Lamouroux déclare avoir examinée et suffisamment connaître.

Cette location est faite moyennant la somme de six cents francs, payable en quatre termes égaux, dont le premier commencera le 1er juillet prochain, le second le 1er octobre suivant, pour continuer ainsi jusqu'à la fin du bail.

Le preneur est tenu de payer, en entrant, six mois d'avance qui seront imputables sur les six derniers mois dudit bail; il est tenu en outre aux charges, clauses et conditions suivantes : de garnir ladite maison louée de meubles d'une valeur suffisante pour répondre du loyer; de l'entretenir en bon état de réparations locatives, et de la rendre, à la fin du bail, conforme à l'état des lieux ci-annexé.

Il s'oblige en outre à souffrir les grosses réparations, s'il y a lieu d'en faire; à payer l'impôt des portes et fenêtres, à acquitter les charges de ville et de police auxquelles les locataires sont ordinairement tenus; enfin à ne céder et transporter son droit au présent bail, en tout ou en partie, à qui que ce soit, sans le consentement exprès et par écrit de moi, bailleur, qui, de mon côté, promets de tenir ledit preneur clos et couvert.

Fait double,

à..., le...

Sous-bail d'un principal locataire.

Entre nous, soussignés, Rimbault, principal locataire d'une maison située à..., appartenant à M..., demeurant à..., en vertu d'un bail fait entre nous le..., d'une part,

Et Gauvain, demeurant à..., d'autre part, a été convenu ce qui suit :

En ma qualité de principal locataire, je loue à Gauvain, pour le temps qui me reste à courir de mon propre bail, c'est-à-dire pour jusque...

(indiquer le temps), les lieux dépendant de ladite maison, savoir : (énoncer les lieux), et ce, moyennant la somme de... par année, payable en quatre termes égaux, de trois mois en trois mois, dont le premier terme au premier avril prochain, le second au premier juillet, ainsi de suite; en outre aux charges, clauses et conditions suivantes : de garnir le local de meubles suffisants pour garantir le loyer; de l'entretenir en bon état de réparations locatives, de souffrir les grosses réparations qui pourraient devenir nécessaires; de payer les impôts des portes et fenêtres, et de ne pouvoir transporter le présent bail sans l'autorisation expresse et par écrit de moi, bailleur.

Fait entre nous,

à..., le...

Cautionnement de bail.

Est intervenu au présent bail le sieur Texier, demeurant à..., lequel a déclaré volontairement répondre et se constituer caution du sieur..., preneur, envers le sieur..., bailleur, tant pour les paiements des loyers que pour l'exécution des charges, clauses et conditions du bail.

Clause de résiliation de bail.

Les parties susdites conviennent qu'elles pourront se désister du présent bail en se prévenant l'une l'autre au moins six mois d'avance. Dans ce cas, le bail sera résolu et nul pour le temps qui restera à courir, sans dommages ni intérêts, mais aussi sans préjudice des loyers échus.

Clause de résiliation de bail pour démolition ou vente.

Dans le cas où la maison susdite viendrait à être vendue ou démolie, le bailleur se réserve le droit de faire cesser le présent bail en prévenant au moins six mois d'avance. M..., venant à user de cette faculté, accordera, comme indemnité au preneur, la somme de..., ou bien : M... usera de cette faculté, sans que le preneur puisse exiger soit des dommages-intérêts, soit une diminution de loyer.

Fait entre nous, le...

Continuation de bail.

Nous, soussignés, qualifiés et domiciliés, comme il est dit au bail ci-dessus, convenons que ledit bail, fait en double et sous seing privé, est prorogé et continuera à avoir cours durant l'espace de... (dire le nombre d'années de prolongation), aux mêmes prix, charges, clauses et conditions y énoncés.

Fait double entre nous,

à..., le...

Congé de bail.

Entre les soussignés, Frelon, demeurant à..., d'une part, et Mercier, demeurant à..., d'autre part;

A été convenu ce qui suit :

Le bail fait entre Frelon et Mercier, à la date du 15 mars 1867, de leur consentement libre, est et demeure annulé.

Mercier accepte volontairement et librement le congé que lui donne Frelon, et il promet de vider les lieux, et de les rendre en bon état de réparations locatives, le 15 avril prochain.

Fait double et signé,

à..., le...

Autre.

Je, soussigné, Jugrand, propriétaire d'une maison située à..., accepte le congé que me donne Doucet d'un appartement qu'il occupe dans ladite maison.

Fait en double à Paris, le...

Transport de bail.

Entre les soussignés Marin, locataire d'une maison située à..., appartenant à M. Gallois, ayant un bail en date du vingt-cinq décembre mil huit cent soixante-sept, d'une part,

Et Maurice, demeurant à..., d'autre part;

A été convenu et arrêté ce qui suit :

Le sieur Marin cède et transporte au sieur

Maurice, qui accepte, son droit au bail qui lui a été fait par le sieur Gallois, à la charge, par le sieur Maurice, de remplir toutes les clauses et conditions qui y sont portées, de payer au propriétaire, aux époques et de la même manière que Marin s'y est obligé, le loyer annuel, Marin entendant être entièrement libéré et ne conserver aucune responsabilité.

Et est intervenu au présent M. Gallois, propriétaire de la maison susdite, qui déclare avoir pour agréable ledit transport et d'accepter sous la réserve de tous ses droits.

Fait triple, à..., le...

Bail d'une ferme.

Entre les soussignés, Sébastien Demaulard, propriétaire, demeurant à..., d'autre part,

Et François Guibert, cultivateur, et Marie Poinsot, son épouse, autorisée à cet effet, demeurant ensemble à..., d'autre part ;

A été arrêté et convenu ce qui suit :

Demaulard donne, par le présent bail à ferme, pour dix années consécutives, qui commenceront à la Saint-Jean, vingt-quatre juin mil huit cent soixante-sept, et finiront à la Saint-Jean mil huit cent soixante-dix-sept, à Guibert, et à son épouse, qui l'acceptent, les biens ci-après désignés... (désigner la maison, les granges, hangars, servitudes, les terres, vignes, prairies, bois), ainsi que tous ces biens sont et se composent, sans rien excepter, sans rien réserver (ou bien avec telle ou telle réserve); mais aussi sans garantie de mesures, les preneurs déclarant les parfaitement connaître et n'avoir pas besoin de plus ample désignation, et le bailleur s'engageant à en faire jouir les preneurs à titre de fermiers pendant les dix années du présent bail.

Ce bail à ferme est fait aux charges, clauses et conditions suivantes, que les preneurs s'obligent à exécuter :

De garnir ladite ferme de meubles, de grains, de fourrages, de bœufs, de bestiaux, de tous les objets nécessaires à l'exploitation, et suffisants pour garantir les fermages; de faire aux bâtiments toutes les réparations locatives et de les rendre à la fin du bail conformes à l'état des lieux qui en sera dressé; de souffrir les grosses réparations qu'il conviendra au bailleur de faire; de labourer, ensemencer, fumer les terres dans les saisons convenables; de convertir les pailles en fumier pour l'engrais des terres; d'entretenir les haies, les clôtures, de cultiver les vignes, d'écheniller les arbres, de remplacer ceux qui pourront périr, de payer les impôts et de rendre à la fin du bail les instruments de labourage, les biens et les terres en bon état.

Ce bail est fait moyennant la somme annuelle de quatre mille francs, que les preneurs s'obligent solidairement à payer en deux paiements au bailleur dans sa demeure; le premier paiement aura lieu à Noël, mil huit cent soixante-sept, le second à la Saint-Jean, mil huit cent soixante-huit, et ainsi de terme en terme.

A défaut de paiements, trois mois après l'échéance d'un terme échu, le présent bail sera annulé, si bon semble au bailleur, qui sera libre de disposer de la ferme et de ses biens pour le temps du bail qui restera à expirer aux frais et risques des preneurs.

Fait double et signé,

à..., le...

Bail à cheptel.

Entre nous, soussignés, Joseph Barthélemy, propriétaire, demeurant à..., d'une part,

Et Louis Lebrun, cultivateur, demeurant à..., d'autre part;

A été convenu et arrêté ce qui suit :

Moi, Joseph Barthélemy, donne à cheptel, c'est-à-dire à bail, pour trois ou six années consécutives, à compter de ce jour, au sieur Lebrun, qui accepte et promet d'agir loyalement, le fonds de bétail ci-après désigné, qui m'appartient, savoir :

1° Bœufs de labour (désigner en toutes lettres le nombre, la couleur du poil et l'âge de chacun);

2° Vaches laitières (désigner le nombre, la couleur du poil et l'âge de chacune);

3° Taureaux (désigner le nombre, la couleur du poil et l'âge de chacun);

4° Brebis et béliers (désigner le nombre et la marque);

5° Chevaux de labour (désigner le nombre, la couleur du poil et l'âge de chacun);

Lesquels bestiaux sont estimés, entre nous, à la somme de...

Le présent bail est fait aux charges, clauses et conditions suivantes :

Le sieur Lebrun, preneur, profitera seul du laitage, du travail et du fumier desdits animaux; mais il partagera avec le bailleur, Joseph Barthélemy, par moitié, les laines et le croît pendant toute la durée du bail.

Il est tenu de nourrir à ses frais tous lesdits animaux, de les garder, de les loger, de les gouverner, de les soigner, de prendre toute précaution pour qu'il n'arrive aucun dommage; en un mot, d'agir à leur égard comme le ferait un vrai propriétaire, un bon père de famille.

Louis Lebrun fera tondre le troupeau à ses frais; mais il ne procédera jamais à aucune tonte sans avoir, auparavant, prévenu Barthélemy.

Le preneur ne pourra disposer d'aucune bête sans le consentement du bailleur; le bailleur sera soumis à la même loi.

A la fin du bail, un expert sera choisi par le bailleur et le preneur, et estimation sera faite.

Si cette estimation monte au delà de celle qui a été faite lors de la prise de possession; s'il y a profit, le bailleur prélève, dans chaque espèce, les bêtes nécessaires pour former la somme désignée dans la première estimation. L'excédant est partagé par moitié. Si, au contraire, il y a perte, le bailleur prend ce qui reste du fonds de bétail, et le preneur est tenu d'en supporter la moitié.

Si le cheptel vanait à périr en entier, sans qu'il y ait de la faute du preneur, le bailleur supporterait la perte; s'il n'en périssait qu'une partie, la perte serait supportée en commun et d'après l'estimation qui est de... (désigner la somme) : pour un bœuf, de...; pour une vache, de...; pour une brebis..., etc., etc.

Le preneur sera tenu des pertes arrivées par sa faute; s'il y a cas fortuit, il sera tenu de représenter les peaux des bêtes qu'il aura perdues.

Fait double entre nous,

à..., le vingt-cinq juin mil huit cent soixante-six.

Autre formule de bail à cheptel.

Entre les soussignés, Emile Delavault, propriétaire, demeurant à..., d'une part,

Et Jean Mathurin, cultivateur, demeurant à..., d'autre part;

A été convenu et arrêté ce qui suit :

Emile Delavault donne à bail pour six années,

qui commenceront le..., pour finir le.... au sieur Jean Mathurin, la métairie de la..., située sur le territoire de la commune de... et consistant en... (Voir, pour la description des lieux, des terres et des divers articles, le bail d'une ferme.)

Le sieur Mathurin jouira, pendant la durée du présent bail, des animaux, des bestiaux qui se trouvent dans la métairie, qui appartiennent au sieur Delavault, et qui sont au nombre de... (désigner chaque espèce et leur nombre).

Il est parfaitement convenu que les bestiaux ne seront employés qu'à la culture des terres de la métairie, et que les fumiers serviront à l'engrais des terres. Le cheptel que le sieur Émile Delavault livre à Jean Mathurin est estimé la somme de... francs.

A l'expiration du bail, Jean Mathurin s'engage à laisser des bestiaux d'une valeur égale à celle de cette estimation, ou à payer la différence en espèces, si les bestiaux ne suffisaient pas. Un expert sera choisi d'un commun accord; en cas de contestation, le tribunal jugera.

Jean Mathurin accepte du sieur Émile Delavault, pour six années, ainsi qu'il a été dit, le bail de la métairie sus-désignée avec les bestiaux qu'elle possède, et promet d'exécuter les obligations imposées dans le présent acte.

Fait double et signé,

à..., le quinze avril mil huit cent soixante-six.

Mandat. — Procuration.

Le mandat ou procuration est un acte par lequel une personne donne à une autre le pouvoir de faire quelque chose pour le mandant et en son nom. Le contrat ne se forme que par l'acceptation du mandataire.

(Code Napoléon, article 1984.)

Le mandataire ne peut rien faire au delà de ce qui est porté dans son mandat.

(Code Napoléon, article 1989.)

Le mandataire est tenu d'accomplir le mandat tant qu'il en demeure chargé.

(Code Napoléon, article 1991.)

Tout mandataire est tenu de rendre compte de sa gestion, et de faire raison au mandant de tout ce qu'il a reçu en vertu de sa procuration.

(Code Napoléon, article 1993.)

Pouvoirs.

Lorsque la procuration n'est pas écrite par le mandataire, il doit mettre au-dessus de sa signature ces mots : Bon pour pouvoir.

Formule de procuration pour recevoir une somme due.

Je, soussigné, Jacques Lebreton, menuisier, demeurant à..., donne pouvoir à M. Dominique

Rousseau, marchand grainetier (ou agent d'affaires), domicilié à..., de, pour moi et en mon nom, recevoir du sieur Lamarre la somme de deux cents francs qu'il me doit; d en donner quittance, décharge, et, à défaut de paiement, de faire contre lui toutes les poursuites, diligences, oppositions, saisie-arrêt, saisie-exécutoire, expropriation, qu'il jugera nécessaires; de traduire le sieur Lamarre en conciliation devant le tribunal de paix ou de première instance; transiger, plaider, élire domicile, donner mainlevée et faire, pour le recouvrement de cette somme, tout ce qu'il croira convenable. Promettant d'avoir pour agréable et de ratifier tout ce qu'il aura fait à cet égard.

Paris, le...

Autre procuration pour vendre.

Je, soussigné, donne pouvoir à..., de vendre avec garantie par acte devant notaire ou sous seing privé, pour la somme de..., payable..., un morceau de terre..., une maison..., située..., qui m'appartient en vertu d'une obligation passée devant M^{e}..., notaire..., de donner quittance et décharge de ladite somme de... à l'acquéreur, et de lui faire la remise des titres de propriété;

Promettant de ratifier ce qu'il fera.

Paris, le...

Autre procuration pour emprunter, faire payer un débiteur.

Je, soussigné..., donne pouvoir à..., d'emprunter pour moi la somme de..., pour trois ans, à raison de cinq pour cent d'intérêt par an..., d'en signer tous actes nécessaires et valables... De plus, je lui donne pouvoir de recevoir du sieur... la somme qu'il me doit, d'en donner quittance et décharge; à défaut de paiement, de comparaître en l'audience de la justice de paix, de s'y concilier, de traiter, de transiger..., de poursuivre par toutes les voies de droit, approuvant d'avance ses actes et ses démarches et promettant de l'indemniser de ses frais et honoraires.

Mantes, le...

Autre modèle de procuration.

Je, soussigné, Philippe Gaultier, propriétaire, demeurant à..., donne par le présent, pouvoir à M. Élie, rentier, demeurant à..., de, pour moi et en mon nom, recevoir les loyers ou fermages d'une maison ou d'une ferme qui m'appartient, située à..., et louée à...; de donner quittance, décharge, congé...; de citer et poursuivre pour contraindre au paiement des loyers..., promettant de ratifier tout ce qui sera fait.

Procuration pour acheter des marchandises.

Je, soussigné, donne pouvoir à... d'acheter pour moi et en mon nom (désigner les marchandises), d'en solder le prix, d'en retirer la facture, de les mettre au chemin de fer, promettant de tenir compte des frais en sus de la somme d'acquisition.

Paris, le...

Procuration donnée par un mari à sa femme.

Je, soussigné, Jacques Lefebvre, donne à Jeanne Lassimoune, mon épouse, que j'autorise, pouvoir de, pour moi et en mon nom, régir et administrer les biens et les affaires particulières et commerciales de chacun de nous deux; de recevoir tous dus, loyers, fermages et autres, donner quittances et décharges, de passer, de renouveler, de résilier tous baux à loyer ou à ferme des biens et maisons de chacun de nous, de donner, de recevoir congé; de faire tous emprunts ; consentir et accorder tous priviléges et hypothèques ; de vendre ou échanger tout ou partie des biens immeubles appartenant à moi et à elle, de recueillir toutes successions, donations, de faire procéder à toutes liquidations et partages, de traiter, transiger, composer et faire généralement tout ce qu'elle jugera convenable à nos communs intérêts ; promettant de ratifier tout ce qui sera fait par elle.

A..., le...

Autre autorisation donnée par un mari à sa femme, ou par un père à son fils mineur.

Je, soussigné, Antoine Labiche, demeurant à....., déclare autoriser, par le présent, ma femme Virginie..., ou mon fils Paul-Émile...., à faire le commerce de merceries, à acheter, vendre toutes marchandises, à recevoir, payer, contracter, engager ses immeubles et à faire tout ce qui sera nécessaire dans l'intérêt de son commerce.

A..., le premier janvier mil huit cent soixante-six.

Autorisation donnée par un commerçant à son épouse, afin qu'elle puisse gérer les affaires de son commerce.

Je, soussigné, Martin Bernard, marchand, demeurant à...., donne pouvoir à Radegonde Bachelu, mon épouse, de, pour moi et en mon nom, régir, gérer et administrer toutes les affaires de mon commerce, d'acheter, de vendre toutes marchandises, de se charger de toutes négociations et commissions, souscrire tous billets à ordre, effets de commerce et autres engagements, arrêter tous comptes courants et autres de commerce, recevoir toutes sommes qui peuvent m'être dues, en donner quittance ; payer celles que je puis devoir, diriger toutes poursuites contre mes débiteurs, en un mot faire pour la gestion de mon commerce ce que je ferais moi-même. Promettant d'avoir le tout pour agréable et de le ratifier.

A..., le...

Pouvoir pour être représenté dans une faillite.

Je, soussigné, Pierre Busereau, marchand, demeurant à..., donne pouvoir à Paul Monnier, demeurant à..., de me représenter dans la faillite du sieur Pagevin, à...

En conséquence, requérir toutes oppositions, levées de scellés, procéder à tous inventaires, faire réquisitions et réserves, nommer tous syndics provisoires et définitifs, faire vérifier ma créance, admettre ou rejeter les titres des autres créanciers, se faire rendre compte de l'état de la faillite. Prendre part aux délibérations, transiger, traiter, composer, accorder termes et délais ; signer à cet effet tous actes, concordats, arrangements, y mettre opposition, remettre ou retirer tous titres et pièces, toucher tout dividende, donner quittance, faire enfin tout ce qu'il croira nécessaire. Promettant l'avoir pour agréable et le ratifier.

A..., le...

Convention pour la location d'un local.

Entre les soussignés, Chabert, demeurant à..., d'une part,

Et Dénichère, demeurant à..., d'autre part;

A été convenu et arrêté ce qui suit :

Chabert prête et loue audit Dénichère, pour six mois, à partir du premier juillet présente année, une grange..., un appartement..., un jardin..., à lui appartenant et situés à..., pour que ledit Dénichère puisse y mettre son foin..., ses meubles..., et s'en servir.

Ce prêt est fait moyennant la somme de..., que Dénichère s'oblige à payer le trente et un décembre prochain, en remettant la grange..., le jardin..., en bon état, et tels que les lui prête en ce jour le sieur Chabert.

Fait et signé double entre nous,

à..., le...

Convention entre propriétaires pour une construction.

Entre les soussignés, Antoine Thomas, marchand épicier, demeurant à..., d'une part,

Et Jacques Martineau, propriétaire, demeurant à..., d'autre part;

A été convenu et arrêté, pour être par chacun de nous exécuté de bonne foi, ce qui suit :

Thomas, ayant à faire construire à ses frais et dépens une maison sur un terrain qui lui appartient, et situé rue..., propose à Martineau, qui accepte, de faire bâtir à frais communs le mur qui sépare leur propriété. Ce mur deviendra ainsi mitoyen, et cette mitoyenneté est acquise par Martineau, moyennant la somme de trois cents francs que Thomas reconnaît avoir reçue par le présent acte.

Fait et signé double entre nous,

à..., le...

Bornage de deux propriétés.

Entre nous, soussignés, François Tournemine, demeurant à..., d'une part,

Et Jean-François Leroy, demeurant à..., d'autre part ;

A été convenu ce qui suit :

Propriétaires de deux terrains contigus, et voulant éviter toutes contestations au sujet de leurs limites, nous avons d'un commun accord chargé le sieur Bouvier, géomètre-arpenteur, d'arpenter nos propriétés.

Cet arpenteur, mis à l'œuvre en notre présence, a indiqué quelle portion appartenait à l'un, quelle portion appartenait à l'autre. Nous avons enfoncé trois bornes avec des témoins : la première est fixée en terre à l'extrémité du côté..., la deuxième à l'autre bout du côté..., la troisième au milieu ; une chaîne tendue au centre de ces trois bornes forme la limite. Nous avons promis tous les deux de respecter cette limite ; en foi de quoi nous avons signé en double,

à..., le...

Convention pour un logement et nourriture.

Entre les soussignés, Auguste Genivet, ouvrier cordonnier, demeurant à..., d'une part,

Et Toussaint, propriétaire, demeurant à..., d'autre part ;

A été convenu et arrêté ce qui suit :

Auguste Genivet accepte le logement que lui offre ledit sieur Toussaint, consistant en une chambre et un cabinet, au troisième étage, dans sa maison située rue..., et la nourriture : déjeuner et dîner à sa table, moyennant le prix de trois cents francs par année; il s'engage à payer cette somme, par portions, tous les trois mois.

De son côté, le sieur Toussaint s'oblige à faire, avant l'entrée de Genivet dans le logement, les réparations nécessaires, sans pouvoir exiger aucun paiement pour ces réparations.

Il est bien entendu cependant que Genivet reste libre de renoncer au logement et à la table, en prévenant un mois d'avance et en payant la somme qu'il devra.

Ainsi fait et signé en double entre nous.

à..., le...

Obligation et promesse de confectionner des objets ou de livrer des ouvrages.

Entre les soussignés, Jean-Pierre..., demeurant à..., d'une part,

Et Louis Jacques..., demeurant à..., d'autre part;

A été convenu et arrêté ce qui suit :

Le sieur Jean-Pierre s'oblige à livrer au sieur Louis-Jacques... (tels ou tels objets..., telles ou telles marchandises..), avant le trente et un ma de cette année ; lesquels objets ou marchandises seront payés comptant, en espèces, à raison de..

Dans le cas où le sieur Jean-Pierre, manquant à ses engagements, ne livrerait pas les marchandises au jour déterminé, il s'oblige à les fournir dans la quinzaine qui suivra; mais, dans ce cas, le prix des marchandises, au lieu d'être ainsi qu'il est fixé, sera réduit à la somme de...

Dans le cas où le sieur Louis-Jacques luimême ne paierait pas la somme convenue, au comptant et en espèces, comme il est dit, le prix des fournitures sera porté à...

Le présent acte de promesses et obligations mutuelles, fait, arrêté et signé en double,

à..., le...

Autre promesse de livrer des marchandises à une époque fixe.

Entre les soussignés, Chillot, propriétaire, demeurant à..., d'une part,

Et Ollivier, négociant, demeurant à..., d'autre part ;

A été convenu et arrêté ce qui suit :

Le sieur Chillot s'engage à fournir au sieur Ollivier, dans le courant de trois mois à partir de ce jour, quatre cents pièces de vin blanc, à raison de quarante francs la pièce de deux cent soixante-dix litres, bonne couleur, sans dégoût, acceptable.

De son côté, le sieur Ollivier s'oblige à les payer en espèces, six moix après la dernière livraison.

Si, à l'expiration des trois mois, ledit Chillot n'a pas fourni les quatre cents pièces de vin, le sieur Ollivier aura le droit d'exiger deux cents francs de dommages-intérêts et de les retenir sur le paiement des pièces livrées

Fait et signé en double,

à..., le...

Autre avec réserve et conditions de dommages et indemnités.

Entre les soussignés, Thomas..., demeurant à..., d'une part,

Et François..., demeurant à..., d'autre part;

A été stipulé, convenu et arrêté ce qui suit :

Le sieur Thomas s'engage à livrer, d'ici à la fin de février au plus tard (désigner les objets ou les marchandises), à raison de...

Dans le cas où le sieur Thomas n'aurait pas effectué sa livraison à l'époque fixée et consentie ci-dessus, lesdits objets demeureront et resteront à son compte, sans qu'il puisse avoir le droit d'en exiger le montant, et de plus, le sieur Thomas sera obligé de payer au sieur François, à titre de dommage, la somme de...

Si le sieur François, de son côté, ne remplissait pas ses engagements, et ne payait pas la somme convenue aussitôt leur livraison, le sieur Thomas rentrerait dans la propriété de ses objets, et, en outre, le sieur François serait obligé de payer, à titre d'indemnité et dommages, la somme de...

Fait double entre nous,

à..., le...

Engagement de fourniture de marchandises.

Entre les soussignés, Aubry, demeurant à..., d'une part,

Et Louis Gaultier, demeurant à.., d'autre part;

A été convenu et arrêté ce qui suit :

Louis Gaultier, s'engage à livrer d'ici à six mois à M. Aubry, qui l'accepte, la quantité de..., moyennant la somme de..., payable lors de la livraison.

Fait et signé double.

Engagement d'un commerçant avec un commis.

Entre les soussignés, Catineau, demeurant à..., d'une part,

Et Octave Boulinier, demeurant à..., d'autre part;

A été convenu et arrêté ce qui suit :

Octave Boulinier s'engage à servir comme commis dans le magasin du sieur Catineau, moyennant la somme de six cents francs par année.

Le sieur Catineau s'oblige à payer cette somme à Boulinier chaque mois, soit cinquante francs par mois.

Dans le cas où Boulinier voudrait quitter le sieur Catineau, il le préviendra au moins un mois d'avance; et, de son côté, Catineau préviendra également un mois d'avance Boulinier, dans le cas où il voudrait le congédier. Ils le feront tous deux sans être passibles d'aucune indemnité.

Fait et signé double,

à..., le...

Engagement d'ouvrier avec un maître, un patron.

Entre les soussignés, Maugery, demeurant à..., d'une part,

Et Vrillot, demeurant à..., d'autre part;

A été convenu ce qui suit :

Moi, Vrillot, m'engage à entrer chez M. Maugery, en qualité d'ouvrier menuisier, pour y travailler sans interruption, pendant une année, à partir de ce jour, moyennant la somme de trois francs cinquante centimes par jour.

Dans le cas où je viendrais, par ma volonté, à sortir de chez M. Maugery, je l'autorise à retenir la paye d'un mois de mon travail.

M. Maugery lui-même me paiera, en plus de mes journées, un mois de travail, s'il vient à me congédier avant l'expiration de l'époque fixée entre nous.

Moi, Maugery, accepte les conditions ci-dessus, m'engageant à m'y conformer.

Fait double et signé,

à..., le...

Formule d'un brevet d'apprentissage.

Entre les soussignés, Louis Duchemin demeurant à..., d'une part,

Et Jean-Paul Dugué, graveur, demeurant à..., d'autre part ;

Est convenu ce qui suit :

Le sieur Duchemin met, à dater de ce jour, 1er mars, son fils, Adolphe Duchemin, en apprentissage, pour trois années, chez le sieur Jean-Paul Dugué, qui prend l'engagement de le loger, de le nourrir et de lui apprendre le métier de graveur.

De son côté, le sieur Duchemin s'oblige à payer audit Dugué la somme de trois cents francs, en trois paiements égaux, chacun de cent francs, le premier juillet de chaque année.

(Mettre ici les stipulations particulières, s'il y en a, soit pour les cas de maladie, soit pour les jours de sortie et l'entretien des effets d'habillement).

Fait double et signé,

à..., le...

Engagement d'apprenti.

Entre nous soussignés, Langlois, maître cordonnier, demeurant à.., d'une part,

Et Trouillet, demeurant à..., d'autre part;

A été arrêté et convenu ce qui suit :

Le sieur Langlois s'engage à prendre en apprentissage Jean Trouillet fils, âgé de quatorze ans, pour trois années consécutives, à partir de ce jour, et de lui apprendre son métier de cordonnier, moyennant la somme de cent cinquante francs.

Le sieur Trouillet promet de payer ladite somme au sieur Langlois, en trois paiements de cinquante francs par année, le premier paiement devant se faire à six mois de ce jour.

Dans le cas où Trouillet retirerait son fils

d'apprentissage, il paierait de suite les cent cinquante francs stipulés ci-dessus, comme indemnité.

Fait et signé double,

à..., le...

Autre engagement d'apprenti.

Entre nous, soussignés, Sanitard, demeurant à..., d'une part,

Et Barbier, demeurant à..., d'autre part;

A été convenu et arrêté ce qui suit :

Moi, Sanitard, m'engage à prendre en apprentissage chez moi Jacques Barbier, fils de Barbier Nicolas, pour deux années consécutives à commencer du premier janvier, afin de lui apprendre mon état. Je m'oblige à le nourrir et à le loger pendant ces deux années.

De son côté, Barbier père s'engage à me payer la somme de cent cinquante francs à la fin de la première année d'apprentissage.

Dans le cas où Barbier père retirerait son fils d'apprentissage, il me paierait, comme indemnité, outre la somme ci-dessus stipulée, la somme de cent francs.

Si, de mon côté, je renvoyais de chez moi Jacques Barbier avant qu'il ait fini son apprentissage, je m'engage à payer à Nicolas Barbier la somme de cent cinquante francs.

Moi, Barbier, accepte en tous points les présentes conventions.

Fait et signé double,

à..., le...

Certificat d'apprentissage.

Je, soussigné, déclare que Thomas Bertran est entré chez moi, en qualité d'apprenti, le premier janvier mil huit cent cinquante-quatre; qu'il a rempli fidèlement toutes les conditions convenues entre nous, et qu'il s'est toujours bien comporté durant son temps d'apprentissage.

Je déclare, en outre, qu'il connaît maintenant parfaitement son état, et qu'il peut se présenter et travailler en qualité de compagnon dans un atelier.

En foi de quoi je lui ai délivré le présent certificat.

Paris, le 30 octobre 1867.

Certificat à une domestique.

Je, soussigné, certifie que Marguerite Pothier est restée à mon service durant trois années; qu'elle s'est conduite, pendant tout ce temps, d'une manière irréprochable, et que je n'ai que des éloges à lui donner.

Paris, le 25 décembre 1867.

Certificat à un domestique.

Je, soussigné, déclare que le nommé Paul Debray a été employé chez moi pendant deux années ; qu'il s'est toujours bien conduit et qu'il me quitte de sa propre volonté, sans que j'aie de reproches à lui faire.

Paris, le 15 juin 1867.

Testament olographe.

Ce testament doit être écrit en entier, daté et signé de la main du testateur.

Ce testament n'est assujetti à aucune formalité. Toute personne capable de disposer de ses biens et qui sait écrire peut faire un testament olographe.

Formule d'un testament olographe.

Je, soussigné, Pierre Durand, propriétaire, demeurant à Châteauroux (Indre), étant sain de corps et d'esprit, ai fait le présent testament qui renferme mes dernières volontés, voulant qu'il soit exécuté sans restriction ni changement.

Je donne et lègue, pour en jouir en toute propriété, à Nicolas Meunier, mon cousin, ma maison d'habitation, les terres que je possède, les espèces et les valeurs qui se trouveront en ma possession, lors de mon décès.

Je donne et lègue à... (désigner les objets).

Je donne et lègue à... (désigner les objets).

Je révoque tout autre testament et codicille que j'ai pu faire avant le présent, qui contient mes dernières volontés.

Fait, écrit, daté et signé de ma main, le trente juin mil huit cent soixante-sept.

Autre testament olographe.

Je, soussigné, Joseph Dubois, propriétaire, demeurant à..., étant sain de corps et d'esprit, et voulant disposer de mes biens pour le temps où j'aurai cessé d'exister, ai fait le présent testament qui renferme mes dernières volontés, voulant qu'il soit exécuté sans restriction ni changement.

J'institue Pierre Lemoine, propriétaire, demeurant à.... pour mon légataire universel, lui léguant... (désigner les maisons, les terres, tous les objets).

Ce legs universel est fait aux conditions suivantes :

1° De donner à..... (désigner l'objet);

2° De compter à..... la somme de mille francs;

3° De remettre au bureau de bienfaisance, pour être distribuée aux pauvres, la somme de quatre cents francs ;

4° De donner à Louise Léger, ma servante, la somme de quinze cents francs en reconnaissance de ses bons et loyaux services.

La non-exécution de ces clauses annulerait le legs universel ci-dessus.

Je révoque tout autre testament et toute autre disposition que j'ai pu faire avant le présent qui contient mes dernières volontés.

Fait et écrit entièrement de ma main.

à..., le...

Partage par testament.

Je, soussigné, Ambroise Sollemain, marchand, demeurant à..., étant sain de corps et d'esprit, et voulant partager mes biens entre mes enfants pour le temps où j'aurai cessé d'exister et pour qu'ils en jouissent après mon décès, ai fait et écrit mon présent testament qui renferme ma volonté dernière.

Je donne et lègue à titre de partage dans ma succession :

A mon fils aîné, Jules-Ambroise Sollemain, mon fonds de commerce de nouveautés avec les marchandises qui se trouvent dans les magasins et dans toute la maison que j'occupe, ainsi que les comptoirs, les boiseries et tout ce qui sert à l'exploitation dudit commerce.

Je lui donne également la maison que j'habite et où je fais mon commerce. Comme si j'existais moi-même, il touchera les sommes dues, prendra pour son compte, paiera ou recevra les mandats, factures, effets de commerce en circulation.

Je donne et lègue à mon second fils, Paul-Emile Sollemain, la maison de campagne de Graveline, avec ses terres et dépendances; plus la maison située rue..., avec le jardin et le pavillon en dépendant.

A Adélaïde Sollemain ma fille, mes meubles, effets, linges, hardes, argenterie, bijoux; plus un contrat de rente perpétuelle de la somme de trois mille cinq cents francs.

L'argent monnayé qui se trouvera à mon décès sera partagé entre mes trois enfants.

Je les charge de donner à Bernard la somme de cinq cents francs en récompense de ses bons services.

Fait et écrit entièrement de ma main, le cinq juillet mil huit cent soixante-sept.

TABLE DES MATIÈRES

CHAPITRE I. — De l'art épistolaire.

CHAPITRE II. — Modèles de lettres.

LETTRES DE BONNE ANNÉE (1er janvier).

CHAPITRE III. — Lettres pour des fêtes.

CHAPITRE IV. — Lettres d'amour tendre et respectueux Déclarations.

CHAPITRE V. — Lettres relatives au mariage.

CHAPITRE VI. — Lettres et annonces de maladies, de décès.

CHAPITRE VII. — Lettres d'annonce d'une naissance, de demande d'un parrain ou d'une marraine.

CHAPITRE VIII. — Lettres relatives aux nourrices.

CHAPITRE IX. — Lettres diverses : lettres de conseils; lettres de soldats, de marins, pour permissions, congés; lettres pour prêts et demandes d'argent; lettres pour intérêts litigieux, de commerce, d'héritages, de demandes de places, de renseignements, d'actes, etc.

CHAPITRE X. — Lettres de locataires, de fermiers, de cultivateurs.

CHAPITRE XI. — Lettres de recommandation, lettres d'excuses, d'invitation.

CHAPITRE XII. — Pétitions, demandes de places, de secours, demandes relatives aux contributions.

FORMULAIRE D'ACTES USUELS. — Reconnaissance, obligation, prêt, promesse, solidarité, quittance, arrêté de compte, facture, mémoire, billet à ordre, traite, dépôt, séquestre, caution, vente, échange, nantissement, contrat, cession, louage, bail, mandat, procuration, brevet d'apprentissage, certificat, testament.

FIN DE LA TABLE.

2869-96. — Corbeil. Imprimerie Crété.

BIBLIOTHEQUE NATIONALE DE FRANCE

www.ingramcontent.com/pod-product-compliance
Ingram Content Group UK Ltd.
Pitfield, Milton Keynes, MK11 3LW, UK
UKHW020208250726
13967UKWH00003B/1334